高 等 学 校 教 材

无机材料机械基础

王志发　主编

化学工业出版社
教材出版中心
·北京·

图书在版编目（CIP）数据

无机材料机械基础/王志发主编. —北京：化学工业
出版社，2005.10（2024.2 重印）
高等学校教材
ISBN 978-7-5025-7782-7

Ⅰ．无… Ⅱ．王… Ⅲ．无机材料-高等学校-教材
Ⅳ．TB321

中国版本图书馆 CIP 数据核字（2005）第 125150 号

责任编辑：杨　菁　张双进　　　　　　　　　文字编辑：项　潋
责任校对：陶燕华　　　　　　　　　　　　　装帧设计：潘　峰

出版发行：化学工业出版社（北京市东城区青年湖南街 13 号　邮政编码 100011）
印　　装：北京虎彩文化传播有限公司
787mm×1092mm　1/16　印张 10¾　字数 258 千字　2024 年 2 月北京第 1 版第 8 次印刷

购书咨询：010-64518888　　售后服务：010-64518899
网　　址：http://www.cip.com.cn
凡购买本书，如有缺损质量问题，本社销售中心负责调换。

定　　价：45.00 元

前　言

　　材料科学技术作为中国科技发展战略的三大主攻方向之一，其对其他科学技术领域和相关工业发展的影响日益突出。材料的性能质量在很大程度上依赖于材料的加工制备技术，而完善和有效的材料加工机械设备，是保证材料制备技术得以顺利实现的保证。对于无机非金属材料工业而言，材料加工设备的选择与使用，对产品的加工效率及性能质量尤为重要。

　　按材料学科教学计划和课程设置的要求，高等院校无机非金属材料工程专业是培养具有无机非金属材料工程及其复合材料科学与工程方面的知识，能在无机非金属材料结构研究与分析、材料的制备、成型与加工等领域从事科学研究、技术开发、工艺和设备设计、生产及管理等方面的高级工程技术人员及管理人员。在无机非金属材料的加工过程及机械设备方面，学生应掌握无机非金属材料的工业生产过程和设备、生产工艺的专业基础知识；具有制品的工业生产、质量控制和技术管理的初步能力；具有正确选用材料、设备并进行工艺设计及工程优化设计的能力。

　　本书着重介绍无机非金属材料机械加工过程涉及的基本概念和基础知识，对典型的通用机械设备进行较详细的介绍。全书内容分为三部分。第一部分介绍物料加工的破粉碎理论及基本概念和基础知识，物料破碎的基本加工设备，如颚式破碎机、锤式破碎机、反击式破碎机、轮碾式破碎机、物料的粉磨过程及设备等；第二部分介绍物料的输送设备，如带式输送机、螺旋输送机、斗式提升机等；第三部分介绍颗粒流体力学的基本概念和基础知识及相关设备，如旋风收尘器、袋式收尘器、沉降室收尘器、通过式选粉机、离心式选粉机、旋风式选粉机等。在机械设备介绍方面，除了讨论机械设备的构造、工作原理外，还对主要工作部件的设计要求、设备工作参数的确定及选型计算、设备的工作性能及应用特点等进行详细介绍。本书在相关章节中也注重了无机非金属材料工业生产过程中加工设备的新技术、新成果及其应用的介绍。为便于学习和掌握有关内容，书中附有例题与思考题。

　　本书是为高等院校无机非金属材料专业编写的教材，可为后续课程"水泥、陶瓷、耐火材料生产机械设备"提供必要的机械设备基础知识。本书也可作为材料学其他学科的教学参考用书，以及无机非金属材料生产企业的技术管理与设备管理人员参考使用。

　　全书共14章，由王志发编写第1章～第3章、第10章～第12章、第14章；张利民编写第6章～第9章；王瑞生编写第4章；王榕林编写第5章；卜景龙编写第13章。全书由王志发统稿并任主编。在本书编写过程中，参考了相关的教材、著作、设计参考资料以及产品样本，在此谨向作者表示感谢。

　　限于本人的技术水平，书中难免存在不妥或错误之处，敬请读者批评指正。

编　者

2005 年 6 月于唐山

目　　录

1 物料的破粉碎基本知识

1.1 物料的破粉碎与颗粒粒径

1.1.1 物料破粉碎的分类

物料的破粉碎是指用机械的方法克服固体物料内部的凝聚力而将其碎裂使之粒度减小的过程。除了机械方法外，还有爆破、振动、超声、温度急变、等离子破碎等方法，但目前尚未大规模使用。古代的开山采石就是采用爆破方法，或利用局部火绒烧烤再用冷水水淬的方法，而将大块物料碎裂为小颗粒物料多数采用机械方法。本课程仅讨论机械破粉碎方法。

物料破碎与粉磨的加工过程又可以统称为物料的破粉碎，按物料加工前后的粒度大小，可细分为粗碎、中碎、细碎、粗磨、细磨、超细磨等加工过程，其分类见表 1-1。

表 1-1　物料破碎与粉磨的加工过程分类

统称	分类	细分类	入料尺寸/mm	产品尺寸/mm	统称	分类	细分类	入料尺寸/mm	产品尺寸/mm
破粉碎	破碎	粗碎	约 500	约 150	破粉碎	粉磨	粗磨	约 5	约 0.1
		中碎	约 150	约 30			细磨	约 1	约 0.06
		细碎	约 30	约 5			超细磨	约 0.1	约 0.005

1.1.2 物料破粉碎的目的意义

（1）提高物料的表面活性　物料被破粉碎加工后，由块状→粒状→粉状，物料的尺寸不断减小，其总表面积逐步增大，即加工过程中机械能转化为物料表面能，这样，可以提高物理作用的效果及化学反应的速度。因此，可使水泥、陶瓷、耐火材料、玻璃等生产中的物理化学反应与过程加快进行，使之具有工业生产意义。

（2）满足制品性状及制造工艺的要求　物料通过破粉碎成为粉状物料，可以满足无机非金属材料产品的制备需要。其一，将各种粉状物料配合，可以获得所需要化学矿物组成的材料；其二是产品的需要，如水泥产品应为细粉状，形状各异的陶瓷和耐火材料制品也需要有粉粒状物料才能制作为成品。

（3）均化物料的需要　几种固体物料的混合，各物料必须在较小尺寸颗粒的状态下才能得到均匀混合的效果。固体物料经粉碎后，为烘干、混合、运输、均化和储存等操作准备好有利条件。

天然原料由于地质生成条件的不同，同一矿区不同矿层或不同部位的原料化学组成及矿物组成也存在较大差异。不同化学矿物组成的原料在高温条件下的物理化学反应行为也不同，如液相产生、分解与合成反应、相变等过程的温度不同。制品生产过程中窑炉温度恒定，部分原料在此温度下可能会欠烧或过烧，就难于制出质量合格的产品。

将不同时间、不同矿点购进工厂的原料破碎为小块状或粗粒状，按照交错平铺的方法堆垛，使用时采用立面取料。料堆体积越大物料量越多，原料均化效果越好，原料整体的化学矿物组成越趋于稳定一致，生产过程中的烧成温度等工艺参数易于控制和稳定，就可以生产出质量性能好的制品。

例如，山西高铝矾土原料的化学矿物组成波动大，不经分级拣选就难以生产出使用性能好且性能稳定的耐火制品。将其经过破粉碎、均化等工艺加工处理，可以生产出性能优良的莫来石质耐火材料。某墙地砖瓷厂生产硅辉石-透辉石瓷砖，因原料中硅辉石与透辉石的构成比例波动大，瓷砖合格率仅 50％ 左右，其主要原因就是原料未经破碎均化处理。水泥厂设置有大型原料均化处理库，将大量的经过颚式破碎机破碎后的料块进行堆垛处理，有利于生产工艺稳定和产品的性能稳定。

1.1.3　物料的破碎比及颗粒粒径

在物料的加工生产过程中，常用物料破碎前的尺寸与粉碎后的尺寸之比来说明粉碎过程中物料尺寸变化情况，其比值用 i 表示，称为粉碎度或破碎比。每一种粉碎机械所能达到的粉碎度或破碎比是有一定限度的。破碎机的破碎比一般为 3～30；球磨机的破碎比可达 500～1000。破碎比的应用又有平均破碎比、公称破碎比、总破碎比之分。

（1）物料的破碎比 i

① 平均破碎比 $i_{均}$。平均破碎比为物料破碎加工前后的平均粒径之比，即

$$i_{均} = \frac{d_{入均}}{d_{产均}} \tag{1-1}$$

平均破碎比 $i_{均}$ 能真实反映物料的加工前后的粒径变化，但操作和计算烦琐。

② 公称破碎比 $i_{公}$。公称破碎比为破碎设备的有效入料口与排料口的宽度尺寸之比，即

$$i_{公} = \frac{0.85B}{b} \tag{1-2}$$

公称破碎比 $i_{公}$ 计算简便，但误差较大。

破碎机的平均破碎比一般都较公称破碎比的数值低，在破碎机及附属设备选型计算及购置时应特别加以注意考虑该差别。

③ 总破碎比 $i_{总}$。由于一般的破碎机破碎比较小，如果工艺要求达到的破碎比数值高，就需要接连使用两台或多台破碎机来进行破碎。接连使用几台破碎机的破碎过程，称为多级破碎。破碎机串联的台数称为破碎级数。这时原料尺寸与最后破碎产品尺寸之比，称为总破碎比。在多级破碎时，如果各级的粉碎度分别为 i_1、i_2、i_3、…、i_n，则总破碎比 $i_{总}$ 为

$$i_{总} = i_1 i_2 i_3 \cdots i_n \tag{1-3}$$

总破碎比等于各级破碎比的连乘积。如果已知各个破碎机的破碎比，即可根据总破碎比确定所需的破碎级数。

（2）物料的颗粒粒径（粒度）　表示颗粒大小的尺寸，一般称为粒径。对于球形颗粒，其直径也就是粒径。生产过程中所遇到的物料形状常是不规则的，也可以使用"粒径"一词来表示其大小。对一个不规则物料的颗粒以其相当直径 d 作为粒径，对于粒径大小不同的颗粒所组成的颗粒群，通常以一个"平均粒径"来体现全部颗粒的平均尺寸。

① 单个颗粒的粒径。对于形状不规则的单个颗粒，可以由各维方向不一致的尺寸加以平均，得到"平均粒径"，若物料颗粒（块料）在三个互相垂直的方向上的量度尺寸近似为 l、b 及 h，则单颗粒粒径因计算方法不同则有算术平均径 d_a、调和平均径 d_h、几何平均径 d_g，即

算术平均径
$$d_a = \frac{l+b+h}{3} \tag{1-4}$$

调和平均径
$$d_h = \frac{3}{\frac{1}{l} + \frac{1}{b} + \frac{1}{h}}$$
(1-5)

几何平均径
$$d_g = \sqrt[3]{lbh}$$
(1-6)

由于物料的形状不规则，其三维尺寸难于恰当度量，因此采用上述方法计算的颗粒平均粒径的误差较大，不可能真实代表颗粒的粒径。采用物理沉降的方法，将在同一沉降过程中与之具有相同沉降效果的球体颗粒直径来表示实际颗粒的粒径，该球粒直径称为实际颗粒的等效粒径 d_s，计算公式为

$$d_s = \sqrt{\frac{18\mu u_0}{(\rho_p - \rho)g}}$$
(1-7)

式中　　μ，ρ——沉降介质的黏度、密度；

　　　　u_0——颗粒的沉降速度；

　　　　ρ_p——颗粒的密度；

　　　　g——重力加速度。

该等效粒径 d_s 称为斯托克斯径，该计算式是著名的应用广泛的斯托克斯公式，在后边的颗粒流体力学章节中详细讨论。

② 颗粒群的粒径。采用上述算术平均径 d_a、调和平均径 d_h、几何平均径 d_g 计算单个颗粒粒径的误差较大，而以等效粒径法确定颗粒粒径的操作和计算过程复杂，且实际物料的众多颗粒并非是单一尺寸的等大颗粒，无论原料或是破粉碎加工后的产品，都是由大小不同、形状不规则的料块或颗粒组成的颗粒群。因此实际生产中往往更关注的是颗粒群的平均粒径。材料工业生产中涉及的颗粒群尺寸一般为几十微米至几十毫米，工业上多采用筛分方法来计算确定颗粒群物料的平均粒径。以筛孔尺寸来反映物料颗粒的粒径尽管存在一定程度的误差，但是该法可操作性强，简便易行。

采用筛分方法计算确定颗粒群物料的平均粒径的方法，是用多层套筛（多个筛框形状尺寸相同，但筛孔尺寸不同）将物料试样分成若干狭窄粒级，根据相邻两层筛面筛孔尺寸，算出残留在这两层筛面之间的颗粒平均径，再根据每一狭窄粒级的颗粒平均径及物料的质量分数，按公式计算出颗粒群的平均直径。

例如，有 n 层套筛，顶层筛筛孔尺寸最大，各层筛按筛孔尺寸依次减小向下放置，筛分后可得 $n+1$ 级粒径范围的物料，相邻两层筛筛面之间存留的物料称为一个粒度级别，简称粒级。各粒级物料质量与初始未筛物料的总质量之比为各粒

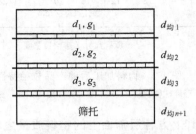

图 1-1　颗粒群粒径分析用多层套筛（$n=3$）

级物料的质量分数，记作 g_i。颗粒群粒径分析用多层套筛如图 1-1 所示。各层筛筛上的物料平均粒径 $d_均$ 按算术平均法计算，即以相邻筛筛孔尺寸的平均值

$$d_{均i} = \frac{d_{i-1} + d_i}{2}$$

作为该级物料的平均粒径。

为减小各粒级颗粒平均粒径的误差，相邻筛筛孔尺寸的比值应尽量接近，即两尺寸差值

越小，计算的颗粒粒径平均值越接近于该粒级颗粒的平均尺寸，因此要求相邻筛筛孔尺寸的比值应满足

$$\frac{d_{i-1}}{d_i} \leqslant \sqrt{2} \tag{1-8}$$

此为颗粒群粒径计算的要求之一。

顶层第一层筛筛上的物料粒径 $d_{均1}$，可定为第一层筛筛孔尺寸 d_1，质量分数为 g_1。底层第 n 层筛的筛下物料粒径 $d_{均n+1}$ 可定为第 n 层筛筛孔尺寸 d_n，质量分数为 g_{n+1}。该两级粒径范围的物料无法取平均值，故 g_1 和 g_{n+1} 的数值应尽量小一些，可要求其分别小于或等于 5％，这样颗粒群平均粒径的计算结果误差就较小，此为颗粒群粒径计算的要求之二。

颗粒群的平均粒径计算式为

$$d_{均} = g_1 d_{均1} + g_{n+1} d_{均n+1} + \sum_{i=2}^{n} g_i d_{均i} \tag{1-9}$$

1.1.4 筛析曲线（粒径组成特性曲线）

为了考察分析或利用颗粒群物料的粒度分布情况，通常采用上述筛分方法将颗粒群按一定粒径范围分成若干粒级。在一批物料中，各粒级颗粒的相对质量数值即质量分数，称为该批物料的粒度组成（或称颗粒组成、粒度特性）。

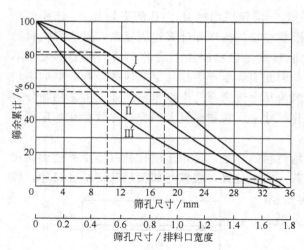

图 1-2 物料加工后的产品粒径特性曲线
Ⅰ—难碎性硬物料；Ⅱ—中等可碎性物料；Ⅲ—易碎性软物料

（1）筛析曲线特征及作图方法　采用多层筛筛分的方法进行颗粒群粒度分析，可以将所获得的数据整理成表格形式，用来说明物料颗粒群的粒度组成特性，但表格形式不直观不便于使用。为了更明显地比较物料的粒度组成情况，通常将测得的数据制图作出物料的粒度组成特性曲线，常称为粒径特性曲线、筛析曲线（见图1-2）。

粒径特性曲线或筛析曲线一般是在普通的直角坐标上绘制曲线。用纵轴表示大于某粒径的物料质量累积百分数，即某一尺寸筛孔筛面上的物料质量（包括该筛面上及其上方各层筛面上的物料质量之和）与物料总质量之比。横坐标有两种表示方法，一种是表示粒径或筛孔尺寸，另一种是根据某破碎设备排料口尺寸而定的筛孔尺寸与排料口尺寸之比。所描绘的曲线称为粒度累积分布曲线或称为积分曲线。

曲线上任意一点表示大于或小于某粒径的累积百分含量。根据粒度组成特性曲线可以清楚地判断物料粒度分布情况和极限粒径。如果曲线是直线，说明此颗粒群物料的颗粒大小是均匀分布的；如果粒径分布曲线呈现凹形，说明物料中的细小颗粒的含量较多；如果曲线是凸形的，表明物料中的大尺寸颗粒占有较多的比例。图中的曲线Ⅰ、曲线Ⅱ、曲线Ⅲ分别为难碎性硬物料、中等可碎性物料、易碎性软物料的粒径分布。

采用同一设备和同一排料口尺寸，加工不同强度的物料，难碎性物料曲线位于图中最上

方，表示物料加工后产品的平均粒径大于中等可碎性和易碎性物料。由筛余累计 5% 时对应的筛孔尺寸可确定出筛分物料中的极限粒径（即最大粒径），或极限粒径与破碎设备排料口尺寸之比。

粒径特性曲线的作图方法为：采用计算平均粒径所用的筛分套筛，筛分一定的物料量，分别计算各层筛上的物料量与物料总量的比值百分数（即筛余累计百分数），然后由各层筛筛孔尺寸及对应的筛余累计百分数作图。

例 1-1 某破碎设备加工硅石物料，排料口宽度尺寸为 3mm，取 10kg 碎后产品用 8 层套筛进行筛分，产品粒径分布为：大于 9mm，0.3kg；7~9mm，1.0kg；5~7mm，1.2kg；4~5mm，1.5kg；3~4mm，1.8kg；2.2~3mm，2.0kg；1.6~2.2mm，1.0kg；1.2~1.6mm，0.8kg；小于或等于 1.2mm，0.4kg。(1) 试计算该设备破碎硅石物料的产品平均粒径 $d_{均}$；(2) 作出粒径曲线图。

解 (1) 经校核，$d_{i-1}/d_i \leqslant 2^{1/2}$，$g_i$ 和 g_{n+1} 分别小于或等于 5%，均符合颗粒群 $d_{均}$ 的计算要求。本题的筛层数 $n=8$，各级颗粒的 $d_{均i}$ 及 g_i 为

大于 9mm，	$d_{均1}=9$mm，	$g_1=0.3/10=0.03$；
7~9mm，	$d_{均2}=8$mm，	$g_2=1.0/10=0.10$；
5~7mm，	$d_{均3}=6$mm，	$g_3=1.2/10=0.12$；
4~5mm，	$d_{均4}=4.5$mm，	$g_4=1.5/10=0.15$；
3~4mm，	$d_{均5}=3.5$mm，	$g_5=1.8/10=0.18$；
2.2~3mm，	$d_{均6}=2.6$mm，	$g_6=2.0/10=0.20$；
1.6~2.2mm，	$d_{均7}=1.9$mm，	$g_7=1.0/10=0.10$；
1.2~1.6mm，	$d_{均8}=1.4$mm，	$g_8=0.8/10=0.08$；
小于或等于 1.2mm，	$d_{均9}=1.2$mm，	$g_9=0.4/10=0.04$。

产品平均粒径计算结果：$d_{均}=3.97$mm。

(2) 各筛孔尺寸的筛余累计百分数为

大于 9mm，	筛余累计 3%；
大于 7mm，	筛余累计 13%；
大于 5mm，	筛余累计 25%；
大于 4mm，	筛余累计 40%；
大于 3mm，	筛余累计 58%；
大于 2.2mm，	筛余累计 78%；
大于 1.6mm，	筛余累计 88%；
大于 1.2mm，	筛余累计 96%。

将以上数据绘图，得到硅石破碎后的产品粒径曲线（见图 1-3）。

(2) 筛析曲线的应用 通过分析筛析曲线

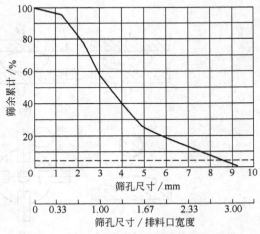

图 1-3 硅石破碎后的产品粒径特性曲线

（粒径特性曲线），可以获得多方面的信息，对解决实际生产问题有指导帮助的作用，概括起来可获得如下信息和应用。

① 不仅可以确定记录表中没有给出的任意中间粒级百分数，同时还可以检查和判断产品的粒径分布与极限粒径情况。

② 可以将各种原料的曲线如将两条、三条或更多条的曲线放在同一曲线图中，通过分析比较粒径分布及极限粒径，可以反映出各种原料的理化性能与易碎性的差异，以及同种原料不同矿点或不同时期开采的原料波动情况。

③ 通过对不同时期加工同种物料的破粉碎产品粒径曲线，可以判断设备的工作及破碎部件磨损的情况，如后期的产品粒径曲线位于原曲线的上方，表明产品的粒径增大，可能的原因是排料口调节装置故障或位于排料口处的破碎部件磨损过度。

④ 由粒径特性曲线提供的物料粒径分布与极限粒径，可以为后续设备选型及工艺流程与工艺参数的确定提供设计依据。

1.1.5 物料的破粉碎方式及破粉碎机械设备

(1) 物料的破粉碎方式　各种破粉碎机械按对物料施加外力方法的不同，其破粉碎方式不尽相同。归纳起来，破粉碎机械工作部件对物料施加外力主要为挤压、冲击、磨剥、劈裂、折断等几种基本方法。相应地，物料被破粉碎的方式为压碎、磨碎、劈碎、折碎、击碎等（见图 1-4）。

① 压碎。如图 1-4（a）所示，物料夹在两个相向作用的破碎部件工作面之间，由于工作面施加逐渐增大的静压力而粉碎。

② 磨碎。如图 1-4（b）所示，物料夹在两个做水平相对运动的工作面，靠运动的工作面对物料摩擦时所施的剪切力，或者靠物料彼此之间摩擦时的剪切作用而使物料粉碎。在磨碎过程中，除了对物料施加剪切力之外，还应有一定大小的挤压力的存在，才能实现对物料的有效磨碎作用。

③ 劈碎。如图 1-4（c）所示，物料置于两个垂直相向的尖棱工作体之间，受相向作用的尖劈楔入，物料因张应力而破碎。

④ 折碎。如图 1-4（d）所示，物料置于两个相向的具有尖棱的工作体之间，受尖棱的三点弯曲折断作用，物料因张应力而破碎。

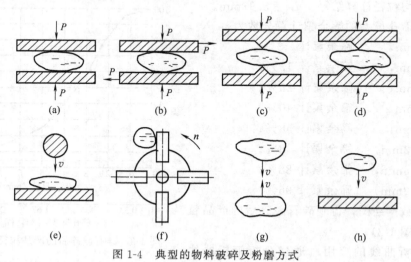

图 1-4　典型的物料破碎及粉磨方式

⑤ 击碎。物料受瞬间冲击力作用而粉碎，产生冲击力的形式有高速运动的工作体对物料的冲击，如图 1-4（e）、（f）所示；高速运动的物料相互冲击对撞，如图 1-4（g）所示；高速运动的物料向固定的工作面冲击，如图 1-4（h）所示。

不同类型的破粉碎设备，对物料的破碎方法不同。但在一台粉碎机中并非单纯使用一种破碎方法，通常都是由两种或两种以上的方法结合起来进行粉碎的。

应该根据物料的性质、尺寸以及破碎比来选用恰当的破粉碎方法。对于坚硬物料的破碎，宜用挤压破碎法；对于脆性物料及软物料，宜用冲击法或劈裂法；对于黏湿性、韧性物料，可采用磨剥法。

大多数的无机非金属矿物原料的抗压强度最大、抗冲击强度最低。在各破碎方法中，以压碎的能耗最大，磨碎、劈碎及折断方式能耗较低，击碎方式能耗最低。因此，采用击碎为主的破粉碎机械，受到破粉碎机械设备生产企业以及无机非金属材料工业用户更多的关注。

（2）破粉碎机械设备的分类及选用　按表1-1的物料破碎与粉磨的加工过程的分类情况，可以将无机材料工业常用的破粉碎机械设备分为破碎设备和粉磨设备两大类。相应地，破碎设备又可分为粗碎机、中碎机和细碎机；粉磨设备又可分为粗磨机、细磨机和超细磨机。然而有的破碎设备兼有中碎和细碎的作用功能，如锤式破碎机和反击式破碎机等。

根据破粉碎机械设备主要工作部件及其破粉碎工作方式的不同而有各种名称。如无机材料工业常用的破碎机械有颚式破碎机、圆锥破碎机、辊式破碎机、锤式破碎机和反击式破碎机等；常用的粉磨机有轮碾机、笼式粉碎机、球磨机、辊式磨机、振动磨机和自磨机等。按此分类方法，又有一些设备具有将不同设备破碎工作部件及破碎方式进行组合的机型，而具有两种不同类型的破碎机的结构特征，如颚旋式破碎机、颚辊式破碎机、反击-锤式破碎机、双转子锤式破碎机和双转子反击式破碎机等。

根据物料的强度、硬度、黏湿性等易碎性特征，以及对其产品的要求等情况，可按设备破粉碎方式的不同，选择相应的破粉碎机械设备，以获得较高的生产加工效率。对于难碎性硬物料的加工可选择以挤压粉碎为主的破碎机，如颚式破碎机、圆锥破碎机及辊式破碎机等；对于中等硬度及易碎性物料，可选择以冲击粉碎为主的破碎机，如锤式破碎机、反击式破碎机及笼式粉碎机等；对于稍有黏湿性的物料可选择以挤压兼施磨剥为主的粉碎机，如轮碾机；对破碎比要求高的加工过程，可选择以挤压兼施磨剥为主的辊式磨机，或选择以击碎兼施磨剥为主的球磨机、振动磨机及自磨机等。

1.2　物料的破粉碎理论及影响破粉碎的因素

物料破粉碎的过程比较复杂，物料由大尺寸的颗粒经破粉碎后变为小粒径颗粒，物料的破碎分裂过程涉及外力施加的能量转化为物料的表面能、弹性应变能等。人们在生产实践和科学实验的基础上，提出了一些有价值的物料破粉碎理论，这些理论在一定程度上反映了粉碎过程的客观实际，具有一定的概括性和指导意义。比较典型和重要的破粉碎理论有雷廷智的表面积理论、基尔比切夫和基克的体积理论、邦德的裂纹理论，此外还有列宾捷尔、查尔斯、沈自求等人提出的理论和公式。

1.2.1　物料破粉碎表面积理论

1867年，雷廷智提出了物料破粉碎的表面积理论。该理论认为物料的破粉碎过程是物料表面积增加的过程。组成物体的内部粒子被相邻粒子包围着，它们彼此受不同键力的吸引影响，处在引力平衡状态。位于物体表面的粒子则不同，仅受到内部粒子较大的内向拉力的作用。把物料破粉碎，有更多的粒子从内部迁移到表面，使物料表面具有更高的表面能量状态，所以物料破粉碎过程的功耗用以克服固体各粒子之间的引力，施加的能量消耗在物料产生新表面上，转化为物料的表面能。

因此，物料破粉碎的表面积理论实质是：破粉碎物料所做的功与粉碎过程中新增加的表面积成正比。实践表明，表面积理论比较符合尺寸较小物料的粉碎过程，适用于 i 大于 15 的粉磨作业过程。表面积理论的表达式为

$$A_S = K_S \left(\frac{1}{d_{产}} - \frac{1}{d_{入}} \right) m \qquad (1-10)$$

式中　A_S——破粉碎过程能量消耗，J；

　　　K_S——物性系数；

　$d_{产}$，$d_{入}$——分别为产品与入料的粒径，为筛余累计 10% 的筛孔尺寸，μm；

　　　m——物料的质量，t。

（1）球形物料的表面积理论表达式的推导　对于单位质量的等大颗粒物料，若颗粒的粒径为 d、颗粒数目为 z，其比表面积 S 为

$$S = \frac{6 \pi d^2 z}{\pi d^3 z \rho} = \frac{6}{d \rho}$$

若物料加工前后的粒径及表面积分别为 $d_{入}$、$d_{产}$、$S_{入}$、$S_{产}$，则 m 质量的物料破碎加工前后的表面积增量为

$$\Delta S_m = (S_{产} - S_{入}) m = \left(\frac{1}{d_{产}} - \frac{1}{d_{入}} \right) m \frac{6}{\rho}$$

物料破粉碎的功耗与物料新生成的表面积成正比，引入物料形状特性修正系数 K_S'，物料破粉碎的功耗 A_S 为

$$A_S = K_S' \left(\frac{1}{d_{产}} - \frac{1}{d_{入}} \right) m \frac{6}{\rho}$$

令 $K_S = K_S' \frac{6}{\rho}$，最后得公式（1-10），即

$$A_S = K_S \left(\frac{1}{d_{产}} - \frac{1}{d_{入}} \right) m$$

（2）立方体物料的表面积理论表达式的推导　设均质立方体物料的边长为 d，设想用切割刀切割操作 3 次，将其分割破裂成边长为 $d/2$ 的 8 个小立方体，该过程的破碎比 $i=2$。每次切割的切割面积为 $F=d^2$，3 次切割操作的切割面积为 $3F$。若切割单位面积的耗能为 A_0（J/m²），该过程耗能为

$$A_{i=2} = 3 A_0 F$$

若将其分割成边长为 $d/3$ 的 27 个小立方体（见图 1-5）。需切割操作 6 次，该过程的破碎比 $i=3$，切割面积为 $6F$（m²），该过程耗能为

$$A_{i=3} = 6 A_0 F$$

同样地，切割操作 9 次的破碎比 $i=4$，可得 64 个小立方体，切割面积为 $9F$（m²），过程的耗能为

$$A_{i=4} = 9 A_0 F$$

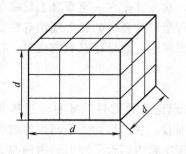

图 1-5　边长为 d 的均质立方体物料

由上述操作过程及分析可见，各过程的切割次数与破碎比 i 的关系如下。

切割次数为 $3(i-1)$，由此可整理出能耗与破碎比的一般关系式为

$$A_i = 3A_0 F(i-1)$$

因破碎比 $i = \dfrac{d_入}{d_产}$，有

$$i - 1 = \frac{d_入}{d_产} - 1 = d_入 \left(\frac{1}{d_产} - \frac{1}{d_入} \right)$$

又因 $F = d^2$，则有

$$A_S = 3A_0 d_入^3 \left(\frac{1}{d_产} - \frac{1}{d_入} \right)$$

因立方体物料的初始体积 $V = d_入^3 = \dfrac{m}{\rho}$，引入物料形状特性修正系数 K_S'，则

$$A_S = 3K_S' A_0 \left(\frac{1}{d_产} - \frac{1}{d_入} \right) \frac{m}{\rho}$$

令 $K_S = \dfrac{3K_S' A_0}{\rho}$，最后可得表面积理论的表达式为

$$A_S = K_S \left(\frac{1}{d_产} - \frac{1}{d_入} \right) m$$

1.2.2 物料破粉碎体积理论

基尔比切夫和基克在 1874 年和 1885 年，先后提出了物料破粉碎的体积理论。该理论是把物料的粉碎当成弹性体的变形看待，认为由于物体的体积变形，导致了物料的粉碎。

根据虎克定律，弹性体弹性变形时，其应变与应力成正比，即

$$\varepsilon = \frac{\sigma}{E}$$

式中　ε——物料的相对变形，$\varepsilon = \Delta L / L$，$L$ 为物体受力方向原始长度，ΔL 为物体绝对变形；

σ——物体所受应力，$\sigma = P/F$，P 为对物体的作用力，F 为物体的横截面积；

E——物体的弹性模量。

物体受外力时，所受应力达到其强度极限 σ_{max} 时物体破碎，破碎过程耗功 A 为

$$A = \frac{\sigma_{max}^2 V}{2E}$$

式中　V——物体的体积，$V = FL$。

因为，各种物料均有一定的强度极限和弹性模量，所以破碎功与破碎物料的体积成正比。若破碎过程分 n 级进行，每级的破碎比均为 i，则 m kg 物料破碎前后的尺寸变化关系，即总粉碎比 i_a 为

$$i_a = \frac{d_入}{d_产} = i^n \tag{1-11}$$

根据上述的破碎功与破碎物料的体积成正比，那么在每一级粉碎中，粉碎功 A_i 均为

$$A_i = Km$$

式中　K——比例系数，与物料的物理力学性能有关，可以通过实验确定。

m kg 的物料经 n 级破碎所需的功 A_V 为

$$A_V = nA_i = nKm \tag{1-12}$$

对式（1-11）两端取对数，则有

$$\lg i_a = n\lg i$$

或

$$n = \frac{\lg i_a}{\lg i}$$

将上式代入式（1-12）中，得到

$$A_V = Km\frac{\lg i_a}{\lg i}$$

令 $K_V = \dfrac{K}{\lg i}$，可有

$$A_V = K_V m\lg i_a$$

或

$$A_V = K_V\left(\lg\frac{1}{d_{产}} - \lg\frac{1}{d_{入}}\right)m \tag{1-13}$$

式中　A_V——破碎过程能量消耗，J；

　　　K_V——物性系数。

其他参数意义同前。

上式即为体积理论的表达式。因此，物料破碎的体积理论实质是：在相同技术条件下，将物料破碎成几何形状相似的产品时，所耗能量与物料的体积或质量成正比。

实践表明，体积理论与表面理论不同，体积理论比较符合于尺寸较大物料的破碎过程，适用于 i 小于 8 的粗碎作业过程。

1.2.3　物料破粉碎裂纹理论

1952 年邦德提出了裂纹理论。他分析了较多的粉碎操作数据，将粉碎功同物料尺寸变化的关系整理成下式，即

$$A_C = K_C\left(\frac{1}{\sqrt{d_{产}}} - \frac{1}{\sqrt{d_{入}}}\right)m \tag{1-14}$$

式中　A_C——破粉碎过程能量消耗，J；

　　　K_C——物性系数，其值大小与物料性质及使用的粉碎机类型有关，可以通过实验确定。

其他参数意义同前。

因为物料的表面积的增加，与其尺寸 d 成反比，因此 $1/\sqrt{d}$ 可表示为形成新表面的周界长度，即物料在粉碎时生成的裂纹总长度。裂纹理论认为，当物料受外力作用时，当物料所受应力超过其强度极限时，就产生裂纹。随外力的持续增大使裂纹扩展，终于导致物料粉碎。粉碎功用在裂纹的生成和扩大上，而且与粉碎时所生成的裂纹总长度成正比关系。

所以，物料粉碎的裂纹理论实质是：物料粉碎过程功耗与物料在粉碎期间所生成的裂纹总长度成正比，亦即与物料的直径或边长的平方根成反比。裂纹理论适用于破碎及粉磨各过程，但不同过程的物性系数 K_C 取值不同。裂纹理论虽能普遍适用于各个破粉碎阶段而不致导致重大误差，但对同一种物料在不同的粉碎阶段中要使用不同的 K_C 值，这点是与裂纹理论的立论有所违背的，所以仍有一定的缺陷。

用于破碎能耗计算的某些物料的物性系数 K_C 值列于表 1-2 中，物料粒径 d 以微米（μm）、物料质量 m 以吨（t）代入，能耗 A_C 的单位为千瓦时（kW·h）。

表 1-2　某些物料的物性系数 K_C

物料	花岗岩	石英、长石	石灰石	白云石	石膏石
K_C	230	200	180	160	100

上述三种理论从不同角度出发，只是解释了粉碎现象的某些方面，不能全面反映粉碎过程的物理实质，故实际使用时都有局限性。粉碎粗大物料时，物料表面较小，物体变形所消耗的功占主要地位，所以粉碎功与物料体积成正比；粉碎细小物料时，表面积较大，新表面形成所需要的功占主要地位，所以粉碎功与物料新生成的表面积成正比。

另外，大块物料经风化、矿山开采及搬运的碰击存在着各种缺陷和裂纹，粉碎往往易从这些强度薄弱环节之处进行。随着粉碎进行，物料尺寸缩小，裂纹和缺陷减少，晶形结构趋于完善，粉碎从沿着晶体或质点的界面发生转变为从晶体或质点内部发生。同时比表面能增加，表面硬度随之增加，于是就变得难于粉碎。所以，粉碎功不仅与物料尺寸变化有关，还与物料的绝对尺寸有关。

1.2.4 物料破粉碎的影响因素

（1）物料特性 物料破粉碎的难易程度，称为易碎性。物料的易碎性与其强度、硬度、密度、结构均匀度、烧结程度、含水量、黏塑性、解理裂隙、外观形状及粒径等因素有关。有些物料通过风化处理可以提高其易碎性。

同一破碎机械在相同的操作条件下，加工不同的物料时，生产能力差别是较大的，这体现出不同物料的易碎性各异。各种物料易碎性的差异是缘于物料强度与硬度的不同，物料的强度与硬度是其抵抗外力的能力。

物料强度是影响其破碎难易程度的决定因素，而物料硬度是影响其粉磨难易程度的主要因素，强度和硬度都大的物料是较难破碎和粉磨的。硬度大而强度小的物料与强度大硬度小的物料比较，往往表现出易于破碎而难以粉磨，反之亦然。

（2）破粉碎方式 应针对物料的硬度及强度特性选择适宜的破粉碎方式，以提高破碎效率、减少能耗。此外，还可根据物料的形状、黏塑性状态选择破粉碎的加工方式，对于一维尺寸过大或过小的物料，如片状料宜采用劈碎或折断方式，而湿软或黏塑性较强的物料则宜采用劈碎或磨碎方式。其他的物料状态尽可能采用击碎、折断等方式进行加工破粉碎。

（3）工艺方法 工艺方法指物料破粉碎工艺流程和工艺方法，如开路或闭路破粉碎工艺流程、干法或加水及助磨剂的湿法破粉碎工艺方法。

采用闭路工艺流程可将破碎合格的小粒径物料分离出去，使大尺寸物料更容易受到破碎力的作用而得到有效破碎。在破碎过程中加入少量水，可以润湿颗粒表面降低颗粒的表面能，使颗粒表面已经产生的破碎裂隙不易弥合，从而减小了再次使其破碎分裂的能量消耗。在物料粉磨工艺中，加入较多量的水湿法粉磨，上述效果相当明显，磨机粉磨能力提高10%～30%左右（磨机能耗减少10%～30%）。如果再湿法粉磨中再引入具有表面活性作用的助磨剂，物料的粉磨效率还可进一步提高，针对不同类型物料（酸性、碱性）以及不同的粉磨工艺方法（干法、湿法）选用相宜的助磨剂。

1.2.5 破粉碎设备性能评价

破碎机械工作的基本技术经济指标是单位电耗（单位电耗即加工单位质量物料的电能消耗）及破碎比。物料易碎性提高，破粉碎设备的破碎比 i 增大，物料加工过程的单位电耗降低。可以把破碎比与产量的乘积作为对破粉碎设备技术性能的比较评价指标之一。

单位电耗用以判别粉碎机械的动力消耗是否经济，破碎比用来说明粉碎过程的特征及鉴定粉碎质量。两台破碎机械单位电耗即使相同，但破碎比不同，则这两台破碎机械的经济效果还是不一样的。一般说来，两台破粉碎设备加工同一种物料，当物料的入料粒度 $d_入$、产品粒度 $d_产$ 及设备排料口尺寸 b 均相同时，单位电耗越低，设备的技术性能越高。因此，要鉴定一台粉碎机械的好坏，应同时考虑其单位电耗及粉碎度的大小。

1.3 物料破粉碎的加工系统与流程

1.3.1 物料破粉碎的加工系统

破粉碎作业可以通过不同的破粉碎系统来完成。根据处理的物料性质、粒度大小，要求的破碎比、物料生产量以及使用的破粉碎设备等，可采用不同的破粉碎系统。

破粉碎系统的不同主要包括破粉碎的级数和每级中的流程两个方面。就破碎作业而言，破粉碎系统的级数主要决定于物料要求的破碎比和破碎机的类型。当选用一种破碎比较高的破碎机就能满足破碎比及生产能力的要求时，可采用一级破碎系统。如果生产工艺需要的破碎比高，可采用二级或三级破碎的系统流程。破碎的级数越多，系统越复杂，设备和土建的费用投资增加，而且维护费用也增高，因此应力求减少破碎的级数。

破碎系统中每级的流程，也可以有不同的方式，主要分类有开路流程与闭路流程，闭路流程中，又有预先检查筛分闭路流程与检查筛分闭路流程。

1.3.2 物料破粉碎的开路流程

物料的破粉碎开路流程如图 1-6 所示，图 1-6（a）是由中碎和细碎两个基本流程串联而成，物料经中碎和细碎后直接排出破碎系统全部作为产品，并没有部分物料返回原破碎设备再行加工，因此称为开路流程。

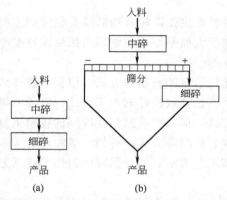

图 1-6 物料的破粉碎开路流程

图 1-6 中两个破粉碎系统均由两级破粉碎开路流程构成。采用开路流程的考虑是物料经破粉碎加工后粒径符合工艺要求，可不经筛分（选分）直接供后续设备使用的破粉碎工艺流程。但是，开路流程没有充分发挥破碎机的生产能力，甚至有时还不能满足某些生产过程的工艺要求。

开路流程为单纯的破碎流程，其流程优点主要为：流程简单、附属设备少、设备布置与车间的建筑也相应简化、操作控制也较为方便、扬尘点也比较少。其缺点为：产品粒径分布范围大，产品会含有少数大于合格产品的物料，因此该流程适合后续工序对破粉碎产品粒径要求不严格的生产过程中使用；当要求破碎产品粒度较小时，开路流程的破碎效率低，产品中会有相当部分的物料发生过粉碎。

另外，在物料的粉磨开路流程中，球磨机中已经粉碎的细小颗粒会把粗颗粒包围起来，构成弹性衬垫，使其不能直接受到粉磨介质的作用，因而使球磨机的生产能力下降。

图 1-6（b）是由中碎和细碎两个基本流程及筛分流程串联而成，尽管该流程含有筛分流程，但物料经中碎、筛分和细碎后直接排出破碎系统全部作为产品，也没有部分物料返回原破碎设备再行加工，因此也属于开路流程的一种形式。

1.3.3 物料破粉碎的闭路流程

（1）检查筛分闭路流程 设置有检查筛分破碎流程，从破碎机卸出的物料要经过检查筛分，粒度合乎要求的颗粒作为产品，其余大于要求尺寸的筛上物料作为循环料重新送回破碎机，再次进行破碎，该种形式的物料加工流程称为闭路流程，或称为圈流流程［见图 1-7（a）］。

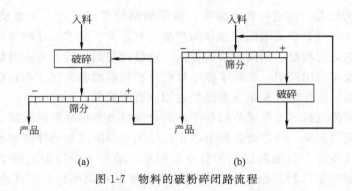

(a)   (b)

图 1-7   物料的破粉碎闭路流程

　　带有检查筛分的闭路破碎流程，可以获得全部合乎要求粒度的产品，且产品为粒度分布范围较窄的粒度均匀的颗粒，为下一阶段的物料加工创造有利条件。但是，流程比较复杂，需要增加提升和输送设备，建筑投资较大，操作管理也比较麻烦。在水泥、普通陶瓷的生产中较少采用该种闭路流程。但在耐火材料的生产中，制备高密度坯体所需的多级颗粒的坯料，在多级破碎系统中的最后一级必须采用检查筛分的闭路流程。

　　（2）预先筛分闭路流程　带有预先筛分的破碎流程如图 1-7（b）所示，由于预先除去物料中不需要破碎的细小颗粒，使破碎系统的总产量有所增加，减少了细小颗粒对粗颗粒破碎过程的干扰缓冲作用，提高了设备对粗大物料的破碎效率，降低了动力消耗、破碎机工作部件的磨损以及粉尘的形成，在欲破碎加工物料中细粒含量多的情况下适宜采用预先筛分闭路流程，物料中的细粒含量越多，采用该流程就越有利。

　　与开路流程比较，闭路流程具有流程复杂、设备多、所需空间及投资多、产品粒径分布范围小，适合对破粉碎产品粒径要求严格的生产过程使用。闭路流程可将小粒径物料分离出去，使大尺寸物料得到有效破碎，生产能力比开路流程高 20％左右。入料中的细小颗粒的含量，可作为对检查筛分流程和预先筛分流程的选用依据。

1.3.4　粉磨作业开路与闭路流程

　　与破碎作业过程相似，粉磨作业也有粗磨和细磨串联的粉磨系统流程，每级粉磨过程亦有开路（开流）和闭路（圈流）两种主要流程，物料粉磨作业的开路流程与闭路流程如图 1-8 所示。

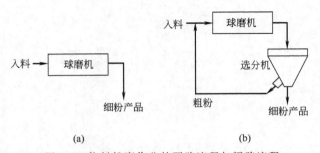

(a)   (b)

图 1-8   物料粉磨作业的开路流程与闭路流程

　　图 1-8（a）为开路（开流）粉磨流程，使用开流粉磨流程时，从磨机卸出的物料全部作为产品，不再返回磨机循环加工。开流粉磨流程比较简单，但要使粉磨后的产品全部符合要求的细度，其中必然会有一部分物料成为过细的粉末，出现过粉碎现象，致使生产能力小、单位能耗大。一般说来，在细度要求不太严格或生产规模较小的物料粉磨作业宜采用开流流程。

图 1-8（b）为闭路（圈流）粉磨流程，使用闭路粉磨流程时，从磨机卸出的物料要经过一套选分设备，细度合乎要求的颗粒作为产品，其余大于要求尺寸的粗颗粒作为循环料重新送回磨机，再次进行粉磨。闭路粉磨流程由于选分设备的设置，可使磨机内已加工至细小尺寸的物料颗粒及时移出磨机，免除了细小颗粒对粗颗粒粉磨的缓冲和衬垫作用。因此，磨机的生产能力较高，单位电耗和机械的磨损也相应有所降低。

粉磨作业的闭路流程比开路流程增加了一套分级设备和循环料的运输设备，增加了一些设备的电耗，使流程复杂、管理维护环节增多。但闭路粉磨流程的球磨机粉磨效率和能量利用率明显提高，且最终产品的粒度均匀分布范围小，适合于后续加工环节的使用要求。因此，对产品的细度要求比较严格、生产规模较大、能量利用率低、消耗电力较多的细磨过程，系统多采用带有选分机的闭路（圈流）流程，如水泥粉磨作业宜用闭路（圈流）流程。

思 考 题

1. 公称破碎比和平均破碎比的区别及特点。

2. 颗粒群平均粒径计算确定的方法与要求。

3. 更换一批新原料后，取破碎加工后的物料作筛析曲线，曲线比原曲线偏低，为什么？同一批原料，现取样所作筛析曲线较原曲线位置偏高，为什么？应用物料破碎后的筛析曲线，可分析和解决哪些问题？

4. 表面积、体积、裂纹三个破粉碎理论的表达式、适用作业范围及应用。

5. 物料的破粉碎方式及各自特点？

6. 开路、闭路、检查筛分、预先检查筛分等破粉碎工艺流程的区别、特点及选用依据。

7. 物料破粉碎的影响因素，如何提高物料破粉碎效率？

8. 如图 1-9 所示，两块光滑平行的金属平板，相向施力作用于其间的球形物料，物料受到何种破碎方式？

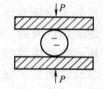

图 1-9 思考题 8 图

2 颚式破碎机

2.1 颚式破碎机的构造、工作原理及性能特点

颚式破碎机是无机非金属材料工厂广泛应用的粗碎和中碎机械。常用的颚式破碎机按动颚的运动特征的不同，主要有简单摆动型颚式破碎机（简称为简摆型颚破机）和复杂摆动型颚式破碎机（简称为复摆型颚破机）两种机型。

颚式破碎机的规格用进料口的宽度和长度表示。分别以 PEJ 及 PEF 表示简单摆动型颚式破碎机和复杂摆动型颚式破碎机。例如 PEF400×600 型颚式破碎机，即指进料口的宽度为 400mm、长度为 600mm 的复杂摆动型颚式破碎机。

2.1.1 简摆型颚破机

（1）简摆型颚破机的构造　图 2-1 所示为简摆型颚破机的构造。该机由机架、传动部件、破碎部件、机架与轴承、其他部件等主要部分构成。机架的上部装有两对互相平行的轴承，其中一对轴承安装悬挂轴，动颚体固定在悬挂轴上。另一对轴承中装有偏心轴，偏心轴的两端分别固定着飞轮（惯性轮）和胶带传动轮。偏心轴的偏心部分悬挂安装着连杆，连杆经推力板与动颚体和机架铰接相连。

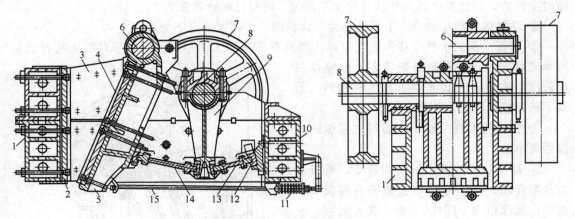

图 2-1　简摆型颚破机的构造

1—机架；2—定颚板；3—护板；4—动颚板；5—动颚体；6—悬挂轴；7—飞轮（惯性轮）；8—偏心轴；
9—连杆；10—机架；11—拉紧弹簧；12—推力板支座；13，14—推力板；15—拉杆

定颚衬板用螺栓紧固在机架上，动颚衬板用螺栓紧固在动颚体上，其下端支撑在动颚体底部的凸台上。破碎腔两侧的机架表面分别设置有保护机架的耐磨护板。推力板 13 的两端分别支撑在连杆的下端以及机架顶座的凹槽支座中，推力板 14 的两端分别支撑在连杆及动颚体下端的凹槽支座中。

连杆向下运行时，其下端两侧铰接的推力板易从凹槽支座中松脱，为此专门设置了弹簧拉杆拉紧装置。拉杆的一端环钩扣在动颚下端的扣环内。另一端穿过机架后壁，用弹簧张紧，使推力板与动颚体、连杆、机架顶座之间当破碎机工作时保持紧密接触，防止松脱。

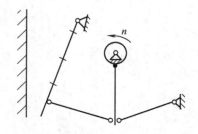

图 2-2　简摆型颚破机工作原理示意

(2) 简摆型颚破机的工作原理

① 动力传递及动颚板的运动过程。图 2-2 所示为简摆型颚破机工作原理示意图。定颚板是固定在机架的前壁上，动颚板固定在动颚体上，动颚体装设在悬挂轴上。电动机的动力经减速装置传递至偏心轴，当偏心轴旋转时，带动连杆做上下往复运动，从而带动两块推力板亦随之做往复运动。通过推力板的作用，推动悬挂轴上的动颚体做左右的往复摆动。动颚板上各点均以悬挂轴为中心，单纯做圆弧摆动，动颚板的上部、中部、下部各点的运动轨迹均为一段圆弧。动颚板整体的运动呈现为水平方向位移大、垂直方向位移小。

这种破碎机工作时，由于动颚板上部、中部、下部的运动轨迹均比较简单，故称为简单摆动型颚式破碎机。

② 物料的破碎过程。如图 2-1 所示，当连杆下移时，推力板撑开，动颚板下部左移摆向定颚板，加入到破碎腔中的物料被动颚板和定颚板相对作用挤压破碎，此为物料的破碎过程。当连杆上移时，推力板收拢，动颚板下部右移摆离定颚板，已被粉碎的物料在重力作用下，经破碎腔下部的出料口下落卸出，此为物料的排出过程。颚式破碎机的工作是间歇性的，物料破碎和卸料过程在颚腔内交替进行。

(3) 简摆型颚破机的性能特点

① 动颚工作时仅做简单摆动，颚板的最大行程在下部，卸料口宽度在破碎机运转中是随时变动的，因此其产品为片状且粒度不均匀，物料过粉碎现象小。

② 动颚的上部摆动小、下部摆动大，颚板的工作强度分布不合理。

③ 颚板上部的水平位移和垂直位移，都只有下部的 1/2 左右。不利于对喂入物料的夹持和破碎，因而不能向摆幅较大、破碎作用比较剧烈的破碎腔底部供应充足的物料，限制了破碎机生产能力的提高。

④ 颚板的垂直位移小，物料对颚板的磨损程度小。

⑤ 高速运转的偏心轴受力较小，整机受力分配合理。所以简摆型颚破机多制成大中型机，其规格为 PEJ600×900 以上机型，主要用于坚硬物料的粗、中碎过程。

2.1.2　复摆型颚破机

(1) 复摆型颚破机的构造　图 2-3 所示为复摆型颚破机的构造。该机比简摆型颚破机构造简单，主要由机架、传动部件、破碎部件、机架与轴承、其他部件等主要部分构成。动颚体通过滚动轴承直接悬挂安装在偏心轴上。而偏心轴支撑安装在机架上的滚动轴承

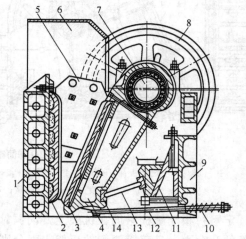

图 2-3　复摆型颚破机的构造

1—机架；2—定颚板；3—动颚板；4—动颚体；5—护板；6—挡板；7—偏心轴；8—偏心轮；9—机架；10—弹簧；11—楔形铁；12—拉杆；13—推力板；14—推力板支座

中。偏心轴的两端分别固定着飞轮（惯性轮）和胶带传动轮。动颚的底部通过推力板支撑在位于机架后壁顶座的推力板支座上。出料口楔形铁调节装置是利用调节螺栓来改变楔铁的相对位

置，从而使出料口的宽度得到调节。和简单摆动型一样，破碎机还设有弹簧拉杆锁紧装置。

（2）复摆型颚破机的工作原理

① 动力传递及动颚板的运动过程。图 2-4 所示为复摆型颚破机工作原理示意。定颚板是固定在机架的前壁上，动颚板固定在动颚体上，动颚体装设在偏心轴上，可随偏心轴运动，动颚体的底部通过推力板支撑在机架的后壁上。电动机的动力经减速装置传递至偏心轴，偏心轴带动动颚体做往复摆动。当偏心轴转动时，动颚板一方面对定颚板做往复摇动，同时还在垂直方向有很大程度的上下运动。动颚板的上部、中部、下部各点的运动轨迹均不相同。动颚板上部的运动受到偏心轴回转的约束，运动轨迹近似为圆形；动颚板下部的运动受到推力板的约束，运动轨迹接近于一段圆弧；动颚板中部的运动轨迹为介于上述两者之间的椭圆，且越偏向下方椭圆运动轨迹越扁长。

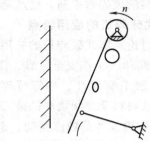

图 2-4　复摆型颚破机工作原理示意

该破碎机工作时，动颚板上部、中部、下部的运动轨迹各异且复杂，故称为复杂摆动型颚式破碎机。

② 物料的破碎过程。如图 2-3 所示，当偏心轴带动动颚体左移时，动颚板左移摆向定颚板，加入到破碎腔中的物料被动颚板和定颚板相对作用挤压破碎，此为物料的破碎过程。偏心轴带动动颚体右移时，动颚板右移摆离定颚板，已被粉碎的物料在重力作用下，经破碎腔下部的出料口下落卸出，此为物料的排出过程。颚式破碎机的工作是间歇性的，物料破碎和卸料过程在颚腔内交替进行。

（3）复摆型颚破机的性能特点

① 动颚板整体的垂直方向位移大，是水平位移的 2～3 倍，动颚板的垂直位移对物料的排出有强制性卸料的助推作用，加工稍黏湿物料时排料口不易堵塞。因此该机的生产能力比简摆型颚破机提高 20%～30%。

② 动颚板的运动呈现为上部水平方向位移大，下部水平方向位移小，动颚板上部的水平位移约为下部的 1.5 倍，使大块物料在颚板上部容易被啮住并得到强烈破碎。整个颚板各部位破碎物料的作用分布均匀，有利于生产能力的提高。

③ 动颚板在水平往复摆动的同时还有较大的垂直方向运动，动颚板的此种复杂运动方式对物料具有翻转作用，产品为较均匀的立方浑圆状，减小了简单摆动型颚式破碎的片状产品现象。

④ 高速运转的偏心轴受力大，为保证偏心轴的安全运转，所以复摆型颚破机多制成中、小型机型，其规格为 PEF400×600 以下机型，主要用于物料的中、细碎作业过程。

⑤ 颚板的垂直位移作用大，使得颚板对物料还有着磨剥作用，物料对颚板的磨损程度大。

2.1.3　组摆摆动型颚式破碎机

组摆摆动型颚式破碎机（简称为组摆型颚破机）的构造与简摆型颚破机相比，减少了悬挂轴，动颚体连接到偏心轴的部位，是偏心轴与连杆连接部位错开的另一段反向偏心部位。

（1）组摆型颚破机的工作过程　组摆型颚破机工作原理示意如图 2-5 所示。电动机动力经减速装置传递至偏心轴，偏心轴逆时针转动，当连杆与偏心轴连接点经由最左端→最低点→最右端的过程时，动颚板与偏心轴连接点恰好进行经由最右端→最高点→最左端的运动过程，此时动颚板的上部达到了距定颚板距离最小的位置，该过程动颚板对物料进行的破碎程度最

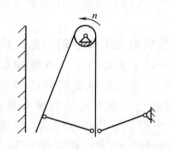

图 2-5 组摆型颚破机工作原理示意

大。此后，再经历偏心轴 1/4 转的时间，动颚板的下部才达到了距定颚板距离最小的位置。

动颚板与偏心轴连接点经由最左端→最低点→最右端的运动过程，破碎腔的上部破碎后物料开始下落，而破碎腔的下部再经历偏心轴 1/4 转的时间才达到了排料口开度最大即排料程度最大的状态。

（2）组摆型颚破机的性能特点 该机偏心轴为双偏心结构，设备的结构复杂，制造、安装及维修较难，较少应用；动颚板的垂直运动幅度与水平运动幅度均较大，对物料的破碎效率高，生产能力比简摆机提高约 100%。

2.1.4 颚式破碎机的应用特点

由上述讨论，颚式破碎机的应用特点可概括如下。

① 结构简单、工作安全可靠、便于维护管理，适合于无机非金属材料各专业工厂应用。

② 可以加工易碎性、中等可碎性、难碎性物料，对黏湿性物料及片状物料的破碎效果差。

③ 入料粒度及产品粒度受动、定颚板之间啮角的限制，入料块的尺寸不能超过破碎机进料口的 0.85 倍。颚破机的破碎比 i 较小，一般为 $i=3\sim6$，适宜作为粗碎设备。

④ 硬物料、中硬物料及易碎物料经破碎后，产品中最大颗粒尺寸相当于排料口尺寸的 1.4 倍、1.6 倍、1.7 倍。产品中大于排料口尺寸的比例较高，硬物料破碎后的产品中大于排料口尺寸的比例达 40% 左右（见图 2-6）。在颚破机选型及考虑下一工序的作业时，必须特别注意。

⑤ 破碎方式有挤压、折断、磨剥等，以折断破碎方式为主，能量利用率较高。

部分颚式破碎机的技术性能见表 2-1。

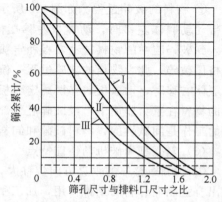

图 2-6 颚式破碎机的产品粒径特性曲线
Ⅰ—硬物料；Ⅱ—中硬物料；Ⅲ—易碎料

表 2-1 部分颚式破碎机的技术性能

类型规格	进料口 （长×宽）/mm	排料口 /mm	最大入料 粒度/mm	偏心轴转 速/r·min⁻¹	生产能力 /t·h⁻¹	电动机功率 /kW	电动机转速 /r·min⁻¹
PEF150×250	150×250	4～10	125	300	1～4	5.5	1500
PEF250×400	250×400	20～80	210	300	5～20	15	1000
PEF400×600	400×600	40～160	350	250	17～115	30	750
PEF600×900	600×900	75～200	480	250	56～192	80	730
PEF900×1200	900×1200	150～180	650	180	140～200	110	730

2.2 颚式破碎机的主要结构部件

从上述可见，颚式破碎机主要由机架和轴承支撑、破碎部件、传动机构、排料口调节装置、锁紧装置、保险装置、储能装置等部分组成。大型机还设有轴承的润滑冷却系统。

2.2.1 机架及轴承支撑

（1）机架 颚式破碎机的机架是由两个纵向侧壁和两个横向侧壁组成的刚性框架，中小型机的机架一般用铸钢整体铸造，小型的也可用优质铸铁铸造。大于 1200mm×1500mm 的颚式破碎机都采用组合机架形式，把机架做成上下两部分或几部分。上机架和下机架用螺栓牢固地连接起来，接合面之间还用键和销钉承受破碎物料时传给机架的强大剪切力，同时在上下机架装配时还起着定位作用。近来由于焊接工艺的发展，机架也逐步采用钢板焊接结构，并用箱形结构代替筋板加强结构。它的优点是质量小、承受力大、制造周期短，特别对大型单件生产更为优越。

图 2-7　复摆型颚式破碎机外形

机架的侧壁通常采用筋板加强结构或盒形体结构（见图 2-7）。由不等边矩形截面梁的抗弯三点受力模型及其抗弯强度公式可知

$$\sigma = \frac{3PL}{2bh^2} \qquad (2\text{-}1)$$

变换形式则有

$$P = \frac{2\sigma bh^2}{3L} \qquad (2\text{-}2)$$

式中　P——矩形梁承受的外力，N；

σ——矩形梁的强度，Pa；

b，h，L——矩形梁的宽度、高度、长度，m。

采用筋板加强结构及盒形体结构，筋板部位的 h 尺寸大，由于 h 比 b 的方次高，可以抵抗更大的外力 P。该种结构可使机架在颚式破碎机工作中承受很大的冲击载荷，并具有足够的强度和刚度。此外还可节省金属材料的用量。

（2）轴承支撑

破碎机的轴承支撑装置主要用于支撑偏心轴和悬挂轴，使它们固定在机架上。此外偏心轴与连杆或动颚体的可动连接，均需要使用轴承装置作为过渡连接部件。颚式破碎机的轴承装置常用的有滚动轴承和滑动轴承两种。大型颚破机破碎力大，可选用承载能力大的滑动轴承。滑动轴承不仅摩擦损失小，还具有维修简单、润滑条件好和不易漏油等优点。由于耐冲击的大型滚动轴承的性能质量不断提高，目前已逐步采用大型滚动轴承代替滑动轴承，因此复摆型颚破机有向大规格机型发展的趋势。

大型颚式破碎机的偏心轴轴承通常采用润滑油实行集中循环润滑，中、小型颚破机的偏心轴轴承通常采用润滑脂用手动润滑油枪供油。

2.2.2　破碎部件

（1）动颚体　动颚体直接承受物料破碎的反作用力，要求有足够的强度，因此，动颚体应采用高锰钢等优质钢铸成。同时要求动颚体的质量不要太大，以减小其往复摆动时所引起的惯性力，大、中型颚破机的动颚体一般采用类似机架的箱形铸钢体结构形式，小型颚破机的动颚体则可制成筋板加强体结构形式。

（2）颚板

① 颚板的材质。动颚板和定颚板是用于直接破碎物料的工作部件，颚板通常采用高强度材料制作，小型颚破机可用白口铸铁材料，大、中型颚破机用高锰钢制造。动颚板和定颚板均以埋头螺栓形式固定，磨损过度报废后可以随时拆换。为了使颚板各部分受力均匀，在

19

颚板和机架或动颚体之间垫以塑性金属衬垫，如铅板、铝板、锌合金板、低碳钢板等，以保证颚板和机架或动颚体之间紧密结合。

② 颚板的形状。动颚板和定颚板的形状基本相同，动颚板和定颚板的表面形状通常为波纹齿形，并使动颚板和定颚板安装就位后，应恰好使二者的齿顶与齿谷的部位相对应（见图 2-8）。颚板的齿顶角一般为 90°～120°。粗碎颚破机的颚板齿顶角 θ 可取大些。齿距 t 的大小取决于破碎粒度，通常 t 接近于破碎粒度。齿高 h 和齿距 t 尺寸之比一般取 $1/3$～$1/2$。动颚板和定颚板采用波纹齿形表面及齿顶与齿谷相对应的安装定位，可以实现两颚板对物料施加弯曲折断的破碎方式，以提高对物料的破碎效率，减小破碎过程的能耗。

动颚板和定颚板通常设计制作成上下形状对称以及左右形状也对称的形式。颚板如此设计的目的是颚板的下部磨损较大后，可将颚板的上部与下部对调使用，这样可适当延长颚板的使用寿命。

颚板的整体形状除了普通的平直形状颚板外，还有弧形颚板的结构形式〔见图 2-9(b)〕。与图 2-9（a）的平直形状颚板比较，采用弧形颚板后的破碎腔下部的排料区截面的梯形程度减小，破碎后的物料易于卸出，如此可降低排料口堵塞的倾向、减小颚板下部的局部磨损，使颚破机的生产能力增加、产品粒径的均匀度提高。

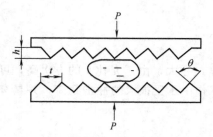

图 2-8　齿形颚板破碎物料示意

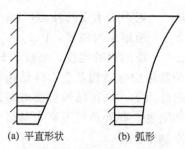

(a) 平直形状　　(b) 弧形

图 2-9　颚板的排料区域示意

③ 双金属复合颚板。普通高锰钢颚板的强度高，但耐磨性稍差，颚板的齿峰易被物料磨平，致使颚破机排料口的尺寸及产品的粒径增大，且磨损下来的高锰钢金属碎屑不能被除铁器剔除，对物料形成污染，影响材料制成品的性能质量。

采用复合材料结构的方法，将铬钢或铬铁条块嵌置在颚板齿峰内，如此可发挥铬钢的耐磨性及高锰钢颚板的高强度、高韧性的优点。且铬钢被磨损的金属碎屑易于被除铁器从物料中分离出来。图 2-10 所示为双金属复合颚板示意。

双金属复合颚板的铬钢条块嵌置结构的获得，可采用胶黏法或合铸法来实现。胶黏法对所用胶黏剂的性能要求为：粘接强度高、抗冲击能力强。因此选用改性环氧树脂胶黏剂，其主要成分为环氧树脂、聚酰胺以及聚硫橡胶等。合铸法是将铬钢条块放置在铸钢砂型中，锰钢钢水铸钢成型后即可得到双金属复合颚板。

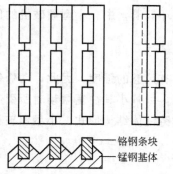

铬钢条块
锰钢基体

图 2-10　双金属复合颚板示意

双金属复合颚板与普通高锰钢材质的颚板相比较，在操作条件相同的情况下破碎同一种物料，双金属复合颚板的颚板磨损程度仅是普通高锰钢颚板的 $1/3$，即使用寿命提高了 2 倍。

2.2.3 偏心轴、连杆

（1）偏心轴 偏心轴是带动连杆（或动颚）做上下运动的主要部件，且偏心轴工作时高速转动并承受较大的作用力（将动力传递给连杆或动颚体，以及破碎物料的反作用力），因此大、中型破碎机的偏心轴通常用合金钢制造，小型破碎机可采用优质碳素钢制造。

偏心轴的两端直径相同，两端轴的中心线为同一直线。轴的两端通过轴承安装于机架，轴端分别装有飞轮和胶带轮（兼有飞轮的作用）。偏心轴的中部直径大，其中心线与两端轴的中心线不在一条直线上，两中心线之间偏移了一定的距离 r（称为偏心距），如图 2-11 所示。轴的中部偏心部分通过轴承连接悬挂连杆或动颚体使动颚板产生往复的运动。

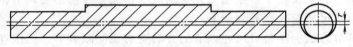

图 2-11 偏心轴中心线偏移示意

（2）连杆 连杆的材质、形状、结构特点与动颚体的情况相似。主要用于大型简摆式颚破机（见图 2-1）。连杆通常采用铸钢制造。连杆做上下运动，为了减小其惯性力，应尽可能减轻连杆的质量，所以连杆下部的断面常制成工字形、十字形或箱形结构。1200mm×1500mm 简摆型颚破机的连杆断面就是两个工字形的。连杆体有整体的和组合的，前者适合于中、小型破碎机，后者适用于大型破碎机。

2.2.4 推力板与推力板支座

（1）推力板的材质及作用 推力板是连接连杆、动颚和机架的中间连接构件，起着传递动力（对于简摆型颚破机）及破碎反作用力的作用，推力板工作时承受压力的作用。

推力板还兼有安全保险装置的作用，当颚破机的破碎腔中进入金属块等非破碎物时，为了保护偏心轴等重要工作部件的安全，此时要求推力板因过载而先行断裂，从而使其他部件免遭破坏。因此对推力板的材质要求并不太高，其材质大多为铸铁材料。

当颚破机工作时，推力板的工作状态为具有一定角度的摆动，因此它与其他部件的连接方式采用活铰连接。

（2）推力板形状结构 推力板的结构形式有铸成整体的，也有制成组合式的。按推力板的形状与结构的不同，主要有单体式、组合双体式及组合三体式等推力板类型（见图 2-12）。推力板的最小断面尺寸是根据破碎机在超负荷时，能自行断裂而设计的。

单体式推力板：整体为铸铁材质，过载时整体断裂，处理故障后更换新推力板破碎机即可重新工作。

组合双体式推力板：推力板为铸钢或合金钢材质，推力板的两部分使用螺栓或铆钉连接，过载时螺栓或铆钉被切断，将推力板两体重新连接后即可使用。

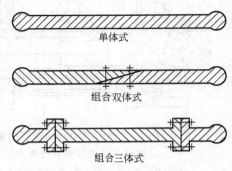

图 2-12 推力板的结构类型

组合三体式推力板：推力板的两端为合金钢、中部为铸铁。推力板过载时，其中部断裂而两端完好，更换中部推力板后即可重新使用。

对于组合式推力板，其中的可重复使用部分的材质可以选用高锰钢等合金钢。

推力板的作用可概括为：传递动力或破碎反力；安全保险装置作用；调节排料口尺寸（更换不同尺寸的推力板来调整排料口宽度）。

（3）推力板支座　在顶座、连杆和动颚的底部有沟槽，内部都镶嵌有容易更换的衬套，是使推力板实现可动连接的部件（与推力板接触可动部位应为圆弧形工作面），称为推力板支座或支撑滑块。推力板支座用高锰钢制造，或耐磨高强的 Cr5MnMo、Cr5MnMoV。为了增加推力板的耐磨性，常在端头部分进行冷硬处理。大型破碎机的推力板，两端装上可拆换的耐磨钢制造的肘头，或采用滚柱式推力板。为了减少推力板和推力板支座的磨损，除了经常在其接合处注入润滑剂，还要防止灰尘和细粒物料进入接合处，所以在接合处的上部应加装挡灰板。

2.2.5　排料口调节装置

（1）排料口调节的意义　为了得到所要求的产品粒度，颚式破碎机都有排料口调节装置。排料口尺寸调节的意义在于：根据工艺要求改变产品粒度而需要调节排料口；颚板的下部因磨损过度排料口尺寸变大而需要调节。

（2）排料口调节方法　排料口尺寸调节的方法有有级间断调节、无级连续调节两种主要类型。有级间断调节方式费时费力，尺寸变化不连续；无级连续调节方式省时省力，排料口尺寸变化连续。排料口调节方法主要有如下几种。

① 大、中型破碎机出料口宽度，是通过更换不同尺寸的推力板实现出料口宽度的改变。

② 通过在机架后壁与顶座之间垫上不同厚度的垫片，或改变推力板支座与机架之间的垫片数量，来实现出料口宽度的调整。

③ 小型颚式破碎机通常采用楔铁式调整方法，如图 2-3 所示。这种调整装置是在推力板和机架后壁之间，设有楔形的前后顶座，借助拧动调节螺栓，使后顶座上下移动，于是前顶座在导槽内做水平移动，这样可以调节出料口的宽度。

④ 液压调整装置用于大型颚式破碎机出料口的调整。1200mm×1500mm 简摆型颚式破碎机的液压调整装置如图 2-13 所示。机架后壁上装设液压缸，高压油从油管进入油缸推动柱塞，柱塞又推动推力板顶座，使排料口缩小。这时根据需要增减顶座和机架后壁之间的垫片的数量，上紧顶座固定螺栓，推力板顶座与机架等贴紧，就完成了调整工作。较小型的破碎机是用手动液压千斤顶来调整出料口宽度的（见图 2-14）。

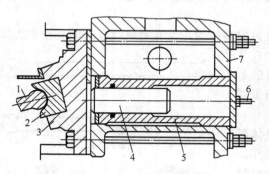
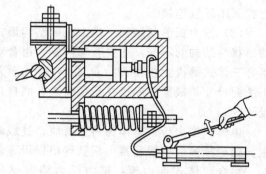

图 2-13　1200mm×1500mm 简摆型颚　　　　图 2-14　手动液压排料口调节装置
式破碎机的液压调整装置

1—推力板；2—推力板支座；3—推力板顶座；
4—柱塞；5—液压缸；6—油管；7—机架

前两种方式为排料口宽度的有级间断调节，后两种方式为无级连续调节。对于无机非金属材料工业用的中、小型颚式破碎机，以楔铁式调节方式使用最普遍。

2.2.6　拉紧装置

推力板与动颚体（连杆）及机架之间为可动接触连接工作方式，拉紧装置可以使推力板与动颚体、连杆、机架的滑块支座保持有效可动接触连接，防止因动颚体或连杆的运动导致推力板脱落（见图 2-3）。

拉紧装置由拉杆、弹簧及调节螺母等零件组成。拉杆的一端铰接在动颚底部的耳环上；另一端穿过机架壁的凸耳，用弹簧及螺母张紧。对于简摆型颚破机当连杆驱动动颚向前摆动时，动颚和推力板将产生惯性力矩，而连杆回程时，由于上述惯性力矩的作用，使动颚不能及时回程摆动，有使推力板跌落的危险。设置拉紧机构使推力板与动颚、顶座之间经常保持紧密的接触。在动颚破碎物料行程中，弹簧受到压缩。在卸料行程中，弹簧伸张。拉杆借助弹簧张力来平衡动颚和推力板向前摆动时的惯性力，使动颚及时向反方向摆动。

2.2.7　惯性轮储能装置

（1）储能装置的设置意义　颚式破碎机在偏心轴的两端设置有尺寸及质量均很大的两个惯性轮，即飞轮与胶带轮，如图 2-1 所示。设置惯性轮的意义在于其具有储能装置的作用，其储能作用表现如下。

① 可以将动颚返回行程的多余能量储存在惯性轮中。

② 当加工物料尺寸小及物料少的时候，将多余的能量储存在惯性轮中。

③ 将待料时候的多余能量储存起来。

（2）储能装置的功能原理　由高速转动体的惯性原理可知，质量集中边缘的惯性轮的转动惯量为

$$I = \frac{1}{2}MR^2 \tag{2-3}$$

式中　I——惯性轮的转动惯量，kg·m^2；

　　　M——惯性轮的质量，kg；

　　　R——惯性轮的半径，m。

惯性轮的转动动能为

$$E = \frac{1}{2}I\omega^2 \tag{2-4}$$

式中　E——惯性轮的转动动能，J；

　　　ω——惯性轮转动的角速度，rad/s。

由以上两式可见，惯性轮的质量 M 大，可使惯性轮的转动惯量 I 及转动动能 E 高；惯性轮的半径 R 大，可使转动惯量 I 及转动动能 E 提高的程度更大。因此，惯性轮的结构尺寸设计的质量及直径均较大，以使惯性轮具有更大的转动动能。

由惯性轮的转动动能公式分析可知，若惯性轮的转动惯量 I 很大，由于 ω 的方次关系，惯性轮 ω 的微小变化就可导致其转动动能 E 的巨大变化，即

$$E_2 - E_1 = \frac{1}{2}I(\omega_2^2 - \omega_1^2) \tag{2-5}$$

当颚式破碎机破碎物料时，由于物料对动颚板的运动阻碍作用，即使惯性轮的 ω 稍有减小，此时惯性轮短时间内可释放出相当于几倍以上电动机功率的能量。此外，当加工物料尺寸少及待料时，惯性轮的 ω 增加，由此可将电动机提供的多余的能量储存在惯性轮中。此即为颚式破碎机惯性轮设置的功能原理。

（3）储能装置的应用效果　储能装置的应用效果可概括为以下 3 个方面。

① 颚式破碎机配置较小功率电动机就可破碎大尺寸的物料。

② 颚式破碎机的转速波动小，转速始终稳定在高速状态，因此颚式破碎机的生产能力大。

③ 颚式破碎机的转速波动小，对设备的振动作用影响小，转动部件及设备基础不易遭受振动损坏。

2.3　颚式破碎机的主要工作参数及选型计算

2.3.1　颚板间的最大有效作用角（啮角、钳角）α

颚式破碎机动颚板与定颚板之间的夹角 α 称为钳角或啮角，如图 2-15 所示。减小啮角，可使破碎机的生产能力增加，但会导致物料破碎的破碎比减小。相反，增大啮角，虽可增加破碎比，但会降低颚式破碎机的生产能力，同时落在颚腔中的物料不易夹牢，有被推出机外的危险。因此，破碎机的啮角应有一定的范围。动、定颚板之间能够啮住物料的最大有效作用角（啮角）α 可以通过物料的受力分析来确定。

颚式破碎机破碎物料时，动、定颚板对物料的作用力示意如图 2-15 所示。设夹在颚腔中的球形物料质量为 M，动颚板对物料的作用力 P_1 垂直于动颚板，定颚板对物料的作用力 P_2 垂直于定颚板。动、定颚板与物料之间还存在着平行于颚板板面的摩擦力 fP_1 和 fP_2。fP_1 和 fP_2 都可以分解为水平及垂直两个分力。

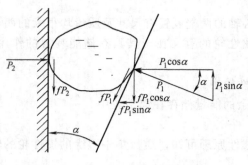

图 2-15　颚板对物料的作用力示意

颚式破碎机破碎物料的首要条件是动、定颚板能够啮住物料，物料能被动、定颚板啮住的条件是：向下合力应大于或等于向上合力（物料重力相对破碎力而言很小，故忽略），水平力平衡，即

$$fP_2 + fP_1\cos\alpha \geqslant P_1\sin\alpha \tag{2-6}$$
$$P_2 - P_1\cos\alpha - fP\sin\alpha = 0 \tag{2-7}$$

整理得

$$\tan\alpha \leqslant \frac{2f}{1-f^2}$$

摩擦因数 f 等于摩擦角 φ 的正切，$f = \tan\varphi$，则有

$$\tan\alpha \leqslant \frac{2\tan\varphi}{1-\tan^2\varphi}$$
$$\tan\alpha \leqslant \tan 2\varphi$$
$$\alpha \leqslant 2\varphi \tag{2-8}$$

颚板与物料之间的摩擦因数 $f = 0.25 \sim 0.3$，则摩擦角 $\varphi = 14° \sim 17°$。颚板间的最大有效工作角 α_{max} 为

$$\alpha_{max} \leqslant 28° \sim 34°$$

实际生产中的啮角常取 α_{max} 的 0.65 倍，即

$$\alpha \leqslant 0.65\alpha_{max} \tag{2-9}$$

亦即

$$\alpha \leqslant 18° \sim 22°$$

实际生产中，颚板间的啮角 α 值选取稍小一些，颚板间采用较小啮角 α 的优点为：防止物料被挤出动、定颚板；动颚板对物料的作用力加大，破碎能力提高，生产能力增加；颚板磨损减小；排料口不易堵塞。

2.3.2 颚破机的偏心轴转速 n

由颚式破碎机的工作原理可知，偏心轴转一周，动颚往复摆动一次，前半周为破碎物料，后半周为卸出物料。偏心轴采用较低的转速 n，其单位时间内物料破碎的次数少、生产能力小；若偏心轴的转速 n 过高，颚破机单位时间内对物料的破碎次数多，破碎后的物料在下落排出过程中，受动颚板往复摆动的多次挤压及约束影响不能顺利排出，致使生产能力非但不能增大反而减小。过高的转速 n 使物料受到过粉碎，产品的粒度分布范围宽，小粒径物料的比例增多，并使颚式破碎机的功耗加大。

为了获得最大的生产能力，偏心轴的转速 n 要适宜，颚破机的转速 n 应该根据以下条件确定：在动颚板的返回行程中，破碎后物料应在重力作用下全部卸出，而后，动颚板进行破碎过程再次破碎物料。

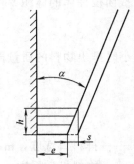

（1）理论公式　偏心轴适宜转速确定的理论推导，对动颚板摆动及物料排出的过程的假定条件为：①假定动颚板的往复运动为简单的平移运动，α 不变；②假定破碎后的物料下落排出仅靠重力作用，不计动颚板的助推力及摩擦力；③假定破碎后的物料以密实的梯形截面棱柱体排出；④假定在颚板返回行程时间 t_s 内，排出下底为 e、上底为 $e+s$ 的梯形截面棱柱体高度为 h（见图 2-16）。

图 2-16　颚板返回行程排料示意

梯形截面的上、下底尺寸之差等于动颚板的水平行程 s，若物料下移 h 距离所需时间为 t_h，则转速 n 确定的理论依据为

$$t_s = t_h \tag{2-10}$$

已知颚板返回行程时间 t_s 为

$$t_s = \frac{60}{2n} = \frac{30}{n}$$

因为 $h = \frac{1}{2}gt_h^2$，则有

$$t_h = \sqrt{\frac{2h}{g}}$$

由公式（2-10），可有 $\sqrt{\frac{2h}{g}} = \frac{30}{n}$，得到

$$n = 30\sqrt{\frac{g}{2h}}$$

由图 2-16 可知：$\tan\alpha = \frac{s}{h}$，$h = \frac{s}{\tan\alpha}$，则有

$$n = 66.5\sqrt{\frac{\tan\alpha}{s}} \tag{2-11}$$

式中　n——偏心轴转速，r/min；

$\quad\quad g$——重力加速度，$g = 9.81 \text{m/s}^2$；

$\quad\quad s$——动颚板水平行程，与偏心轴偏心距 r 相关，$s = (1\sim2)r$，m。

考虑实际情况与假定条件的差异，偏心轴实际转速要比理论值小，约为理论值的 0.7～0.9，即

$$n = (46.5\sim59.8)\sqrt{\frac{\tan\alpha}{s}} \tag{2-12}$$

（2）经验公式　按不同规格颚式破碎机的入料口宽度尺寸，以经验公式确定的转速与实际转速较为接近，即

$$B \leqslant 1.2m, \qquad n = 310 - 145B \qquad (2-13)$$

$$B > 1.2m, \qquad n = 160 - 42B \qquad (2-14)$$

式中　B——入料口的宽度尺寸，m。

2.3.3　颚破机的生产能力 Q

（1）理论公式　由转速确定的条件，在偏心轴转一周的动颚板返回行程内，物料排出体积为梯形截面棱柱体。若梯形截面棱柱体的上、下底分别为 $e+s$ 与 e，高度为 h，长度为 L，则梯形截面棱柱体的体积 V 为

$$V = \frac{(2e+s)hL}{2}$$

每小时排出物料的质量即生产能力 Q 为

$$Q = \frac{60(2e+s)hLn\mu\rho}{2}$$
$$= 30\frac{(2e+s)sLn\mu\rho}{\tan\alpha} \qquad (2-15)$$

式中　e——排料口宽度，m；

　　　μ——物料松散系数，取值 $0.26 \sim 0.6$，大型机及硬料取小值，反之取大值；

　　　ρ——物料堆积密度，t/m³。

上式适用于简摆式颚破机，对于复摆式颚破机的生产能力 Q_F 值为

$$Q_F = (1.2 \sim 1.3)Q \qquad (2-16)$$

（2）经验公式　因颚破机的生产能力与被破碎物料的性质（物料强度、节理、粒度组成等）、破碎机的性能和操作条件（供料情况和排料口大小）等因素有关，上述介绍的生产能力计算的理论公式只是提供了一种分析方法，与生产实际还有较大的差距。因此在工艺设计的选型计算时，还是采用依生产实际资料确定的经验公式颚破机生产能力。计算生产能力的经验公式为

$$Q = K_1 K_2 K_3 qe \qquad (2-17)$$

式中　Q——简摆型颚式破碎机开路破碎中硬物料的生产能力，t/h；

　　　K_1——物料易碎性系数，见表 2-2；

　　　K_2——物料密度修正系数，$K_2 = \rho/1.6$，中硬料的密度为 1.6t/m³；

　　　K_3——入料粒度修正系数，见表 2-3；

　　　q——标准条件下（指的是开路破碎流程，加工堆积密度为 1.6t/m³ 的中等硬度物料）的单位排料口宽度的生产能力（见表 2-4），t/(mm·h)；

　　　e——颚破机排料口宽度，mm。

表 2-2　物料易碎性系数

物料强度特征	抗压强度/MPa	K_1	物料强度特征	抗压强度/MPa	K_1
硬质物料	157~196	0.9~0.95	软质物料	<79	1.1~1.2
中硬物料	79~157	1.0			

表 2-3　入料粒度修正系数

$a = d_{入max}/B$	0.85	0.60	0.40
K_3	1.0	1.1	1.2

表 2-4　颚式破碎机单位排料口宽度的生产能力

机型	250×400	400×600	600×900	900×1200
$q/\text{t}\cdot\text{mm}^{-1}\cdot\text{h}^{-1}$	0.40	0.65	0.95～1.0	1.25～1.30

上述公式并未考虑到破碎机工作特性对生产能力的影响。事实上，复杂摆动型和组合摆动型颚破机的生产能力比简单摆动型的分别提高 20%～30% 和 90%～95% 左右。

2.3.4　颚破机的电动机功率 N_m

可以采用理论公式和经验公式计算确定颚破机的电动机功率 N_m，以经验公式计算的电动机功率与实际配用电动机功率的误差较小，常用的计算电动机功率的经验公式为

$$N_m = CBL \tag{2-18}$$

式中　B，L——颚破机入料口的宽度与长度，m；

　　　　C——颚破机规格系数，小型机（250×400 以下机型），$C=166.7$；中型机（250×400～900×1200机型），$C=100$；大型机（900×1200 以上机型），$C=83.3$。

2.4　颚破机的安装试车、操作与维修

2.4.1　颚破机的安装

颚破机的安装要考虑如下要求：颚破机的混凝土基础应与厂房的基础隔开，其间要有一定尺寸厚度的素土层，避免颚破机工作时的振动危害厂房的基础；颚破机的混凝土基础深度要大于该地区的土层冻结深度；颚破机的混凝土基础质量应大于 3 倍的设备质量；设计厂房时，颚破机的混凝土基础位置要考虑运输设备、加料设备和检修起重设备的设置需要。

在试车之前，必须认真检查安装的正确性、紧固零件的可靠性及润滑系统，经检查后方可试车。

2.4.2　颚破机的试车

颚破机应先进行空车试运转，中小型破碎机不得少于 3h。消除空车试验中发生的故障之后，就可进行有载试车。有载试车时应特别注意摩擦零件的发热情况。大型破碎机不得少于 12h，如轴承的温升超过 60℃ 时，待破碎腔的物料破碎完后停车设法消除再重新试车。

当颚破机工作时发现设备激烈撞击，说明连接零件松弛或推力板安装得不正确，此时应注意校正推力板端部在支撑滑座中结合的正确性，注意调整好拉紧弹簧的拉力。

有载试车完毕，各运动部件之间运动正常，轴承温度不超过 60℃，无不正常声响及其他故障现象，即可投入正式生产使用。

2.4.3　颚破机的操作

在颚破机开车前要做好对设备全面而仔细的检查工作。检查各连接螺栓有无松脱现象，拉紧弹簧的松紧是否合适，各润滑系统有无失效现象，破碎腔内是否有物料卡住或有其他非破碎物，注意衬板的磨损情况，按操作规程的规定，调整好排料口，检查各种电器设备及各种安全防护措施等。

颚破机启动时，如颚破机有自动润滑系统，应先开动油泵电动机，经过 3～4min 后，待润滑系统工作正常时，再开动破碎机的电动机。破碎机必须空载启动，空转 1～2min 后达正常转速后方可进行加料操作。

颚破机工作时，必须注意均匀给料，不允许将物料充满破碎腔，更要防止过大的物料块或其他非破碎物进入破碎机。为了保证颚破机生产过程的连续性及防止生产事故，生产过程

相关各设备的开车顺序应按工艺过程的方向从后到前。

颚破机工作时注意轴承温度及异常声响。造成颚破机的轴承温度过高的原因，常常是由于润滑油不足、或中断、或有脏物侵入造成。为此，应注意供油和维护，并定期更新润滑油或采用水冷却。采用干油润滑时，应定期注油，确保各润滑点润滑好。设备在运转中，绝对禁止去矫正破碎腔中大块物料的位置或从中取出，以免发生事故。

颚破机停车前，必须首先停止给料，待破碎腔的物料完全破碎排出后，才可停止颚破机主电动机，当颚破机停转后，再停油泵的电动机。生产过程相关各设备的停车顺序则与开车工作顺序相反。

2.4.4 颚破机的常见故障与维修

颚破机的使用过程中应注意维护和检修。颚破机的维修类型有大修、中修及小修，大修的检修周期为正常工作 1～2 年；中修的检修周期为正常工作 0.5～1 年；小修的检修周期为正常工作 1～3 个月。

颚破机常见故障主要有：颚破机工作时的不正常声响，其产生原因主要是颚板或其他部件固定螺栓松动，拉紧弹簧不紧；颚破机的产品粒径增大，其产生原因主要是颚板磨损过度以及调整装置松动；颚破机的弹簧拉杆断裂，其产生原因主要是拉紧弹簧太紧，调节排料口时忽略调节拉紧弹簧。

2.5 新型颚式破碎机

目前，国内制造及生产使用的颚式破碎机的最大规格为 1500mm×2100mm。在国外，瑞典制造的颚破机规格为 2100mm×2100mm；美国制造了规格为 2000mm×3000mm 的双肘板颚式破碎机。其他类型的新型颚破机还有液压颚式破碎机、直接传动式简摆型颚破机、冲击型颚破机以及上斜式复摆型颚破机等。

2.5.1 液压颚式破碎机

(1) 液压颚式（连杆式）破碎机　液压颚式破碎机大多是在颚式破碎机的连杆中装上液压部件而成。液压颚式破碎机工作原理示意如图 2-17 所示。连杆上装设液压油缸 A，油缸和连杆上部连接，活塞杆与推力板连接。液压油缸 A 的设置，其作用主要表现在颚式破碎机的分段启动及安全保险装置两个方面。

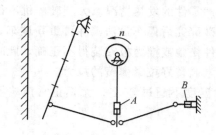

图 2-17　液压颚式破碎机工作原理示意
A，B—油缸

当颚式破碎机主电动机启动时，液压油缸尚未充满油，油缸与活塞可相对滑动，因此主电动机无需克服动颚板等运动部件的巨大惯性，而较容易启动。待主电动机正常运转时，液压油缸内已充满了油，使连杆、油缸和活塞杆紧紧地连接在一起，这时油缸与连杆不再做相对运动，相当于一个整体连杆，动力通过连杆、推力板等使动颚板摆动。

当破碎腔内掉入难碎物体（如铁块等）时，连杆受力增大，油缸内油压急剧增加，从而推开溢流阀，油缸内的油被挤出，活塞与油缸松开，连杆和油缸虽然随偏心轴的转动而上下运动，但连杆与活塞不动，于是推力板和动颚板也不动，从而保护了破碎机的其他部件免受损坏，起到保险装置的作用。

采用液压油缸 B 作为推力板与机架之间的连接过渡，通过调整液压油缸中活塞的位置，来改变颚式破碎机出料口的宽度尺寸。该调整方式简单方便，且出料口尺寸变化连续。

由于液压部件液压颚式破碎机具有分段启动、排料口调整容易以及安全保护机器主要部件不受损坏等优点，在国内外得到更多的应用。

（2）液压分段启动式颚破机　中国采用液压技术制成分段启动简摆型颚破机，是液压技术在大型颚式破碎机上的另一个应用。分段启动简摆型颚破机是在偏心轴两端装有液压摩擦离合器，颚破机的带轮和惯性飞轮通过离合器与偏心轴连接，离合器由液压系统控制。

颚破机启动时，电动机只带动带轮旋转，启动力矩大为减小。然后通过电磁换向阀先使带轮和偏心轴之间的摩擦离合器闭合，偏心轴转动并带动连杆、推力板、动颚板等开始运转。最后使偏心轴与惯性飞轮之间的摩擦离合器闭合，使惯性飞轮转动。经过 1～2min 后，惯性飞轮达到正常转速，颚式破碎机就可进行对物料的破碎作业。

2.5.2　其他类型颚式破碎机

图 2-18 所示为直接传动式简摆型颚破机的构造。该破碎机的偏心轴通过推力板直接推动动颚板运动，设备的机构简化、机器的重心降低、摩擦副减少、能耗减少。该机型可用于坚硬物料的粗破碎，利用更换长度不等的推力板来调节排料口宽度。

图 2-19 所示为冲击型颚破机的构造。它具有倾斜的定颚板和动颚板。偏心轴通过机器两侧的连杆带动横梁和动颚板往复摆动，动颚板的行程较大，比一般简摆型颚式破碎机大若干倍。偏心轴的转速也较高，动颚板空行程时物料呈悬空状态，动颚板工作行程时受冲击破碎并使物料获得向排料口运动的分速度。且动颚板上各点的倾角不同，越靠近排料口，倾斜角越大。这些都有助于减少堵塞现象，提高破碎比和生产能力，降低能耗和衬板磨损。

将冲击型颚式破碎机的盘形保护弹簧调至一定预压力，如大块坚硬的难破碎物进入破碎腔，弹簧被压缩，可以保护破碎机免遭损坏。

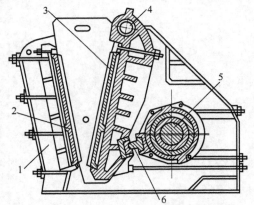

图 2-18　直接传动式简摆型颚破机的构造
1—机架；2—定颚板；3—动颚板；4—悬挂轴；
5—偏心轴；6—推力板

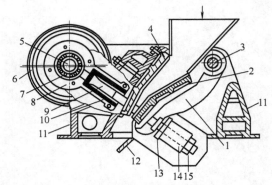

图 2-19　冲击型颚式破碎机的构造
1—动颚；2—动颚板；3—心轴；4—定颚；5—偏心轴；
6—飞轮；7—自动调位轴承；8—连杆体；9—连杆；
10—过载保护弹簧；11—机架；12—卸料板；13—支
撑板；14—横梁；15—调整螺钉

此外，新型颚破机还有上斜式复摆型颚破机。它的推力板是向上倾斜安置的，这同一般复摆式颚式破碎机正好相反。其优点是动颚的运动轨迹合理，动颚在压碎行程开始时有一个向下运动的分量，有利于啮住较大尺寸的料块。据日本一家公司报道，在给料口 e 相等情况下，给料粒度可提高 40%。动颚在压碎行程的向下运动分量可促使物料往下排卸、减少堵塞和衬板磨损，使产量提高 20%～40%，衬板寿命增加 2～3 倍。

思 考 题

1. 复摆型与简摆型颚破机的类型如何划分？构造及工作原理各有何特点？
2. 颚板的形状设计要求？双金属复合颚板的优点？
3. 各种排料口调节方式的特点？
4. 颚破机动、定颚板啮角减小的效果？
5. 偏心轴转速的确定条件？转速的高低对产品粒径、生产能力、功耗的影响？
6. 颚破机的机架、连杆、动颚体的形状设计要求？
7. 惯性轮直径大、质量大，为什么？
8. 颚破机的拉紧装置的作用？拉杆弹簧调节过松、过紧的结果是什么？
9. 推力板的类型及应用？
10. 影响颚破机生产能力的因素及作用？

3 锤式破碎机

3.1 锤式破碎机的构造、工作原理及应用特点

锤式破碎机是无机非金属材料工业中广泛使用的一种冲击式破碎机械，锤式破碎机工作时，通过工作部件对料块的冲击或使料块加速彼此冲击而进行破碎。使用该种机械破碎石灰石等脆性物料时，粉碎效率高，产品粒度多呈方块状，可作为粗碎、中碎、细碎设备。

3.1.1 锤式破碎机的构造及工作原理

（1）锤式破碎机的构造 图 3-1 所示为单转子、多排、不可逆式锤式破碎机的构造。该机主要由机壳、转子（转动轴、锤架、锤头）、打击板、弧形筛及驱动系统（电动机、联轴器）构成。这种锤式破碎机的转子只能沿一个方向运转进行破碎，故称不可逆式。锤式破碎机规格以转子的回转直径 D 及长度 L（mm）表示，即 $D \times L$。

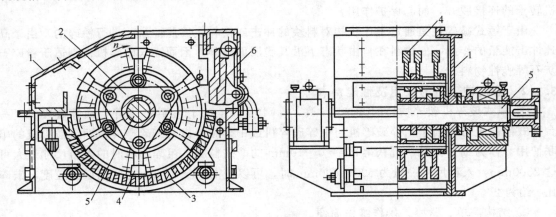

图 3-1　锤式破碎机的构造

1—机架；2—锤架；3—弧形筛；4—锤头；5—转动轴；6—打击板

锤式破碎机机壳由上下两部分组成，分别用钢板焊成，各部分用螺栓连接成一体。顶部有喂料口，机壳内壁镶有高锰钢衬板，衬板磨损后可以拆换。为了便于检修、调整和更换算条，机壳的前后两面均开有检修孔。为了检修时更换锤头方便，两侧壁也开有检修孔。

破碎机的主轴上安装数排挂锤体（锤架）。在其圆周的销孔上贯穿着销轴，用销轴将锤头铰接在锤架上。转子静止时由于重力作用，锤头下垂，绕销轴锤头可有 120° 的摆动范围。锤头磨损后可调换工作面。锤架上开有两圈销孔，销孔中心至回转轴心之半径距离是不同的，用来调整锤头与算条之间的间隙。为了防止挂锤体和锤头的轴向窜动，在锤架两端用压紧锤盘和销紧螺母固定。转子两端支撑在滚动轴承上，轴承用螺栓固定在机壳上。主轴与电动机用弹性联轴器直接连接。为了使转子运转平稳，在主轴的一端还装有一个飞轮。

圆弧状卸料算条筛（弧形筛）安装在转子下方，算条的两端装在梁架上形成宏观的算条弧形排列，最外面的算条用压板压紧，算条排列方向与转子运动方向垂直。在进料口下安

装有打击板，是首先承受物料冲击和磨损的地方。打击板的倾斜角度可进行调整，以使物料能进入最有效的锤击区。

锤式破碎机的规格用转子的直径和长度（mm）表示。例如 $\phi2000mm \times 1200mm$ 锤式破碎机，即转子直径 2000mm，转子长度为 1200mm。

（2）锤式破碎机工作原理　锤头以可动方式设置于锤架上，驱动系统将动力传递至转子使转子回转，达正常转速后锤头在离心力作用下呈辐射状径向直立于锤架上，此时可加入物料进行破碎。

进入机内的料块，在打击板的衬托下，受到快速回转的锤头打击破碎；打击后的物料获得动能被加速，以较高的速度向打击板冲击，或与物料互相冲击而形成撞击破碎；破碎后物料进入弧形筛区域，小于算条缝隙的细小物料自筛条缝隙漏出为碎后产品。少部分尚未达到要求尺寸的粗大物料，在筛面上继续受到锤头的冲击破碎，以及被锤头与弧形筛筛条相对作用剪切破碎（磨剥破碎），直至达到要求尺寸后从算缝排出。

由于锤头是自由悬挂的，当遇上难碎物件或物料过大或有金属块进入时，锤头能沿销轴回转，向后倾倒放过非破碎物，从而避免机械部件损坏，此为锤式破碎机的安全保险装置作用。另外，在传动轴上还装有专门的保险装置，保险销钉在过载时被剪断，使电动机和破碎机转子的连接脱开，而起保护作用。

由于锤式破碎机是通过工作机构对料块的冲击或使料块彼此冲击而进行粉碎的。由于高速冲击能量的作用，使物料在自由状态下沿其脆弱面破碎，因而锤式破碎机特别适于粉碎石灰石等脆性物料。

3.1.2　锤式破碎机的应用及性能特点

① 锤式破碎机破碎物料的破碎比 i 高，$i = 10 \sim 50$，可作粗碎、中碎、细碎破碎机，一台锤式破碎机可相当于粗碎破碎机与中碎破碎机或中碎破碎机与细碎破碎机两台破碎机的串联使用。作为细碎机时，可获得 $d_{产} = 0 \sim 10mm$ 的产品粒度。粗碎物料时的入料尺寸最大可达 2500mm，入料尺寸一般为 500 ~ 600mm 时，可以获得 25 ~ 35mm 之间的产品粒度，破碎比 i 约为 20。

② 结构简单、紧凑，操作维护简便。

③ 产品粒径均匀，过粉碎程度小，筛余小。

④ 锤式破碎机主要以冲击兼施磨剥作用粉碎物料，破碎效率高，单位电耗小，生产能力大。产品颗粒多呈立方状。

⑤ 适宜加工脆性及中等可碎性物料，不宜加工难碎性、黏塑性、潮湿性物料。破碎黏湿物料当物料水分超过 15% 时，易出现算条筛堵塞现象，生产能力大大降低。

⑥ 锤头、打击板需定期维护更换，锤头更换时要进行平衡调节。

⑦ 破碎水分较大物料时筛条缝隙易堵塞，需定时清理。

3.2　锤式破碎机的分类及结构部件

3.2.1　分类

锤式破碎机的主要工作部件为转子及锤头，通过高速旋转的锤头对料块的冲击作用将物料破碎。锤式破碎机的种类很多，主要以转子及锤头的结构及工作特征进行分类。

① 按转子的数目，可分为单轴、双轴，即单转子、双转子。

② 按锤头的排列方式，锤头排数可分为单排、多排（轴向方向），后者锤头分布在几个

回转平面上。

③ 按转子的回转方向，分为单向不可逆式及可逆式两类。可逆转向式两个入料口，定期换用，锤头可有两个破碎面。

④ 锤头固定方式：固定锤式（细碎机或锤磨机）、可动锤式（常用）。固定锤式机主要用于软质物料的细碎和粉磨，用于粉磨的称为锤磨机。

3.2.2 结构部件

（1）机壳与主轴 锤式破碎机的机壳用钢板制成，内衬锰钢板，并制成上下两体形式用螺栓连接，便于设备维护时分拆。机壳的侧面设有易于开启的检修门，便于一般故障的检修处理。

主轴采用优质钢锻造制成，主轴的一端与联轴器及电动机相连，另一端安装有惯性轮。主轴的中部安装锤架的部位，其截面有圆形或方形。

（2）锤架与锤头

① 锤架。锤架的材质为优质钢，形状有十字形、圆形、三角形、六角形等，锤架上设置有铰接锤头的销轴孔，在不同半径处设置两个销轴孔，可用来调整锤头与算条之间的间隙，或待锤头端面磨损后将锤头换装在外侧孔上，因而延长锤头的使用寿命。图 3-2 所示为锤式破碎机十字形锤架结构示意。

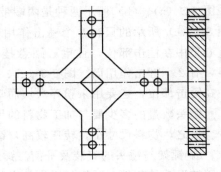

图 3-2　锤式破碎机十字形锤架结构示意

② 锤头。锤头是锤式破碎机的主要零件，锤头的质量、形状和材质对破碎机的工作性能有很大影响。而锤头的形式、尺寸和质量的选择，主要决定于所破碎物料的大小和特性。

锤头质量的大小对锤式破碎机的生产能力及能耗影响很大。在锤式破碎机中，料块受到高速旋转的锤头冲击而粉碎，锤头质量大，回转时的动能大，破碎力也大。锤头质量大小与破碎物料的尺寸要相适应，应能有效打击物料使物料碎裂，而且锤击物料后锤头不向后倾倒或倾倒幅度小，锤头再次转到破碎位置时又能恢复至直立状态。否则，将降低破碎机的生产能力，增加能量消耗。

当转子的圆周速度一定时，锤头质量越大其动能也越大，才能将大块和坚硬的物料破碎。所以，在粉碎大块而坚硬的物料时，宜选用重型的锤头，但个数并不要求很多。在粉碎小块而松软的物料时，宜选用轻型的锤头，这时锤头的数目不妨多些，以增加对物料的冲击次数，从而有利于物料的粉碎。

锤头用高碳钢锻造或铸造，也可以用高锰钢铸造。用高碳钢制造锤头时，经锻造后的锤头使用效果较好，为了提高锤头的耐磨性，有时在它的工作面上，涂焊上一层硬质合金或焊上一薄层高锰钢，或者进行热处理。用高锰钢铸造的锤头，最好经过水硬热处理，以提高锤头的耐磨性，延长使用时间。锤头磨损后，可以采用高锰钢堆焊进行修补，这样可以大大节省金属的消耗。此外，还有铬钢-碳素钢双金属复合型锤头，锤击表面层用铬钢，本体用碳素钢。

锤式破碎机的常用锤头类型如图 3-3 所示，图 3-3（a）、（b）、（c）所示为三种轻型锤头，质量通常为 3.5～15kg。多用来粉碎粒度为 100～200mm 的软质和中等硬度的物料。其

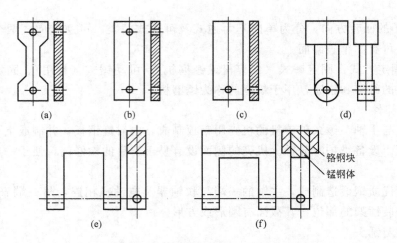

铬钢块
锰钢体

图 3-3　锤式破碎机的常用锤头类型

中图 3-3（a）、（b）所示两种是两端带孔的，磨损后可调换位置，共有 4 个锤击作用面，而图 3-3（c）所示的只有 2 个锤击作用面。图 3-3（d）所示为中型锤子，质量为 30～60kg，重心集中在锤击部位，且重心距悬挂中心较远，多用来粉碎 800～1000mm 的中等硬度物料，有 2 个锤击作用面。图 3-3（e）、（f）所示为重型锤子，质量达 50～120kg，重心也集中在锤击部位，主要用来粉碎大块而坚硬的物料，有 2 个锤击作用面。

锤头数量的多少要与加工物料的尺寸和转速相适应。物料尺寸大，转速较低，锤头数量少。反之，物料尺寸小，转速较高，锤头数量较多。

③ 锤架与锤头的安装及平衡。锤式破碎机的转子由主轴、锤架及锤头构成，是一个高速回转运动的部件，锤架与锤头的安装及平衡问题就显得非常重要，否则破碎机工作时会产生不平衡振动而损伤主轴及轴承等部件。

如果转子的重心偏离转轴的几何中心时，则产生静力不平衡现象；若转子的回转中心线和其主惯性轴中心线不重合而呈交叉状态时，则将产生动力不平衡现象。转子产生不平衡时，则破碎机的轴承除了承受转子质量之外，还受到其惯性离心力、惯性离心力矩作用，以致轴承很快磨损，功率消耗增加，产生机械振动。

锤式破碎机的 L/D 比值不大，转子速度多数在 1500r/min 以下，一般只进行静平衡调整。进行转子静平衡调整时，对于铰接悬挂的锤子不应安装上。待平衡后，用称量法将锤子的质量搭配好，保证每支锤轴上锤子的质量与直径相对锤架上的锤子质量相等。

通常当锤子磨损以后，破碎机的破碎效果显著降低，生产能力下降，此时则需更换其中一部分锤子。当锤子磨损而需要调换工作面或更换新锤子时，更要把锤头的质量选配好。更换新锤子时，在径向要对称成对地更换，使破碎机运转起来平衡，减少振动。锤头的安装位置也要注意对应一致，否则转子也会因不均匀的离心力产生振动。

（3）弧形筛和打击板　由许多根梯形截面的钢条在弧形基座上安装成弧形筛，为了便于物料排出，筛条之间形成的缝隙应为上小下大的梯形孔形状，筛条之间的缝隙可按产品粒度的要求进行调节。因筛条参与了物料的磨剥破碎过程，材质也应选用锰钢等优质钢。

打击板由托板和衬板等部件组装而成，托板是用普通钢板制成的，因打击板参与物料的破碎过程，其工作面的衬板是高锰钢铸件，组装后用两根轴架装在破碎机的机体上。

3.3 锤式破碎机主要工作参数的确定

3.3.1 生产能力

锤式破碎机的生产能力与设备的转子转速、算条筛缝隙、破碎比、物料密度等有关。

(1) 理论推导过程 1 当锤头通过筛条区域对物料磨剥破碎时,假定所有筛条缝隙卸出的碎后物料体积 V 为

$$V = Led_{产} Z\mu \tag{3-1}$$

式中 L——筛条长度,m;

e——筛条缝隙宽度,m;

Z——筛条缝隙数目;

$d_{产}$——碎后产品的粒径,m;

μ——物料的松散系数,取值范围 0.015~0.07,小型机取下限,大型机取上限。

相邻锤头经过筛条同一位置的间隔时间为 t_s,其值为

$$t_s = \frac{60 \times 2\pi R}{2\pi R n K_1} = \frac{60}{K_1 n} \tag{3-2}$$

式中 R——转子回转半径,即转子中心至锤头端面的距离,m;

K_1——转子圆周方向的锤头数目,一般 $K_1 = 3~6$;

n——转子转速,r/min。

1h 内,经过弧形筛的锤头数目为 $\frac{3600}{t_s}$,则锤式破碎机的生产能力 Q 为

$$Q = \frac{3600\rho V}{t_s} = 60 Led_{产} Z\mu K_1 n\rho \tag{3-3}$$

式中 ρ——物料的堆积密度,t/m³。

(2) 理论推导过程 2 该种方法简便。已知转子圆周的锤头数目 K_1,转子的转速为 n (r/min),物料堆积密度为 ρ (t/m³),筛条长度 L (m),筛条缝隙宽度 e (m),筛条缝隙数目 Z,转子转一周从筛条缝隙卸出物料质量为

$$M = Led_{产} Z\mu K_1 \rho \tag{3-4}$$

转子每小时转动 $60n$,则锤式破碎机生产能力 Q 为

$$Q = 60n Led_{产} Z\mu K_1 \rho \tag{3-5}$$

(3) 经验公式 事实上,锤式破碎机的生产能力与破碎机的类型规格、锤头质量、加料均匀性、喂料粒度以及物料的特性等因素有关。用理论方法推导的公式计算较麻烦,计算结果比实际产量低,一般多采用经验公式计算。当破碎中硬物料,产品粒度为 15~25mm 时,单转子锤式破碎机的生产能力可用下式计算,即

$$Q = DLe$$

式中 D,L——转子回转直径与转子长度,m;

e——筛条缝隙宽度,mm。

3.3.2 配用电动机功率

锤式破碎机的配用电动机功率与锤头的质量、转子直径、转子转速等有关。若一只锤头

的质量为 M，转子直径为 D，转子转速为 n，锤头回转圆周速度为 v，单只锤头的动能 E_1 为

$$E_1 = \frac{1}{2}Mv^2 = \frac{1}{2}M\left(\frac{\pi Dn}{60}\right)^2 \approx \frac{MD^2 n^2}{720} \tag{3-6}$$

若转子的圆周方向的锤头排数为 K_1，轴向的锤头排数为 K_2，转子回转一周全部锤头具有的动能 E 为

$$E = E_1 K_1 K_2 = \frac{MD^2 n^2 K_1 K_2}{720} \tag{3-7}$$

锤式破碎机转子转速为 n 时，全部锤头每秒钟具有的动能 N 为

$$N = \frac{nE}{60 \times 1000}$$

即

$$N = \frac{MD^2 n^3 K_1 K_2}{4.32} \times 10^{-7} \tag{3-8}$$

则锤式破碎机配用电动机的功率 N_m 为

$$N_m = \frac{NK'}{\eta} = \frac{MD^2 n^3 K_1 K_2 K'}{4.32\eta} \times 10^{-7} \tag{3-9}$$

式中　K'——锤击有效系数，取值为 0.44；
　　　　η——机械效率系数，取值为 0.75。

锤式破碎机配用的电动机功率 N_m 还可按经验公式估算，与实际应用的情况接近。计算电动机功率 N_m 的经验公式为

$$N_m = K'' D^2 Ln \tag{3-10}$$

式中　K''——系数，取值为 0.1~0.15；
　　　　D，L——转子的回转直径与转子长度，m；
　　　　n——转子转速，r/min。

3.3.3　转子转速

随着转子的转速增大，可使锤头动能提高，物料的破碎程度、破碎比以及产品中细粒级含量增加。但是转子的转速过高，锤头的动能超出物料破碎所需能量，将显著地增加功率消耗。转子的转速过高还会引起锤子、算条和衬板的强烈磨损；转子不平衡振动的程度提高，轴与轴承寿命降低；设备的生产能力减小。

转子的转速的大小与破碎机尺寸、产品粒度和物料的性质有关。欲使破碎产品粒度越小，转子的速度应越高，锤子数目也应越多。破碎脆性物料时，转子速度可比粉碎黏性物料大 40%。欲得到均匀的中等尺寸的产品，转速应低些，锤子数目应少些。

转子的圆周速度，一般在 30~50m/s 之间。对于转子直径为 300~600mm 的锤式破碎机，转子转速 n = 1000~3000r/min；转子直径为 600~1000mm 的锤式破碎机，n = 600~1500r/min；转子直径为 1000~3000mm 的锤式破碎机，n = 300~1000r/min。

通常把转子圆周速度 v 大于 30m/s 的称为快速锤式破碎机，v 一般取 35~55r/min，其

锤头的质量小、锤头数目多，主要用于物料的细碎过程。转子圆周速度 v 小于 30m/s 的称为慢速锤式破碎机，v 一般取 $18\sim25$r/min，其锤头的质量大、锤头数目少，多用于物料的粗、中碎过程。

3.3.4　锤头质量

由前所述，锤头的质量大，转子的转动时锤头的动能高，对物料的破碎程度大。但可使转子的不均匀离心力及振动作用增大，轴承磨损程度高；若锤头质量小，对物料的破碎程度小（锤头不能有效击碎物料，或锤头打击物料后向后倾倒，待返回原锤击位置时仍不能恢复直立状态，则对物料破碎程度及生产能力减小）。锤头质量 M 的确定一般可采用动能法和动量法综合确定。

（1）动能法　锤式破碎机工作时，可认为配用电动机的功率 N_m 的电能全部转化为锤头的动能 N，并能够有效地锤击破碎物料，则由配用电动机功率 N_m，就可以计算出单只锤头的质量 M 为

$$M=\frac{4.32\times10^7 N_m}{K_1 K_2 D^2 n^3} \tag{3-11}$$

（2）动量法　动量法考虑的是锤头打击物料后的锤头速度损失应小一些，即向后倾倒的幅度较小，再次返回锤击位置时锤头应由后倾状态恢复为直立状态。否则，锤头打击物料时易空过，造成锤式破碎机的功耗增加，生产能力下降。实验表明，锤头打击物料后速度的损失只要小于或等于 50%，锤头返回时即可恢复正常的直立状态。依据动量原理可计算确定单只锤头的质量 M 为

$$Mv_1=(M+M_料)v_2 \tag{3-12}$$

式中　$M_料$——最大物料的质量，kg；

　　　v_1——锤头打击物料前的圆周速度，m/s；

　　　v_2——锤击物料后锤头与物料的线速度，m/s。

按锤头打击物料后速度损失 50% 计，即 $v_2=0.5v_1$，则

$$Mv_1=(M+M_料)\times0.5v_1 \tag{3-13}$$

$$M=M_料 \tag{3-14}$$

由动能法与动量法分别求出锤头质量后，选其中质量数值大者确定为锤头质量 M。相应地，由锤头质量 M 及物料的密度 ρ，也可确定锤式破碎机最大入料尺寸 $d_{入max}$。

思　考　题

1. 锤式破碎机工作原理及主要性能特点。
2. 产品粒径的分布特征，产品粒径如何调节？
3. 锤头的类型及安装的特点。
4. 如何计算锤式破碎机的生产能力？
5. 转速过大或过小，对设备及物料的破碎有何影响？
6. 锤头的质量通常要按动能法及动量法综合确定，为什么？

4 反击式破碎机

反击式破碎机是在锤式破碎机基础上发展起来的，其与锤式破碎机结构上的主要区别在于增加了反击板，强化了锤击加速后物料撞向反击板的冲击破碎。因此反击式破碎机对物料的破碎程度更高、能耗更小。

4.1 反击式破碎机构造、工作原理及应用特点

4.1.1 反击式破碎机的构造

图 4-1 所示为反击式破碎机的构造。该机主要由转子（转动轴、转子体、板锤）、反击板、导料筛板、机壳（机架）及电动机等构成。规格以转子的回转直径及长度（mm）表示，即 $D \times L$。

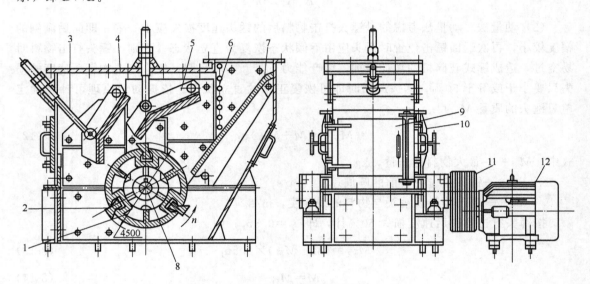

图 4-1 反击式破碎机的构造

1—转子体；2—板锤；3—调节杆；4—机架；5—反击板；6—链幕；7—导料筛板；8—转动轴；
9—侧面检查孔；10—正面检查孔；11—带轮；12—电动机

4.1.2 反击式破碎机的工作原理

驱动系统将动力传递至转子，转子回转达到正常转速后，即可加入物料进行破碎。物料进入机内沿导料筛板滑下，细小物料从筛孔漏下，作为合格产品由机底的排料口卸出。粗大物料滑落进入破碎区，发生如下几种形式的破碎过程：物料被快速回转的板锤打击破碎；锤击后的物料被加速，动能提高飞向反击板，至反击板撞击破碎；反弹回来的物料与板锤相遇，再次被板锤打击破碎，或者与飞行运动的物料形成自相撞击破碎；经上述三种破碎作用未破碎的大于出料口尺寸的物料，在出料口处被高速旋转的锤头铣削而破碎。

在第一块反击板与进料口链幕、转子之间组成的第一破碎区间内，物料接连受到上述的多次冲击破碎。破碎后的物料经第一块反击板与转子之间的缝隙移出第一破碎区间，继而进

入由两块反击板与转子组成的第二破碎区间，物料在第二破碎区间内进一步完成多次的冲击破碎，破碎后的物料从反击板与板锤的缝隙逸出，成为产品由排料口卸出。

物料在板锤、反击板、反向运动物料之间被反复多次地锤击、反击、自相撞击及铣削破碎。物料的粒径越大，质量越大，锤击加速后动能越大，物料被反复击碎的程度越大。反击式破碎机的破碎物料方式有锤击、反击、自相撞击，全为击碎方式。

也有采用三个反击板构成的三个破碎腔的反击式破碎机。其能耗更低，并可获得较高的生产能力。这类破碎机适用于难碎性硬物料的破碎，可将喂料粒度 400mm 的物料一次破碎到 0～35mm，生产能力为 30～240t/h。

4.1.3 反击式破碎机与锤式破碎机差别

反击式破碎机与锤式破碎机的差别主要表现在转子的转向、对物料的破碎方式、产品的颗粒粒径等方面。

（1）转子转向（锤击方向） 锤式破碎机锤击方向与物料落下方向同向，反击式破碎机则为反向，所以反击式破碎机对物料的破碎强度更大。

（2）破碎方式 锤式破碎机对物料的破碎有击碎、磨剥方式；反击式破碎机则全为击碎。

（3）产品粒径 锤式破碎机的产品粒径主要取决于弧形筛筛条缝隙的大小；反击式破碎机的产品粒径取决于反击板与板锤的间距、反击板的数目及转子转速。

4.1.4 反击式破碎机的应用特点

反击式破碎机加工物料采用全击碎的破碎方式，设备的应用特点主要表现在以下几个方面。

① 破碎效率高。一般物料的 $\sigma_{击}$ 仅为 $\sigma_{压}$ 的 1/10，反击式破碎机对物料的破碎效率高，破碎物料的单位电耗仅是颚破机的 1/3，因此该机的生产能力大、破碎比大、能耗小。

② 破碎比 i 高。破碎比可达 30～40，相当于粗碎、中碎破碎机的串联，或中碎、细碎破碎机的串联。因此一台机械可抵两台普通破碎机的串联使用，从而简化工序和流程。

③ 反击式破碎机结构简单，工作可靠，易于操作与维修。

④ 适宜破碎加工中硬物料，不宜加工坚硬及黏塑性物料。

⑤ 破碎机的板锤、反击板磨损大，需定期维护更换，板锤更换时要进行平衡调节。

⑥ 破碎机工作时噪声较大，粉尘产生较多。

4.2 反击式破碎机的分类及结构部件

4.2.1 分类

反击式破碎机主要按转子转向、转子数量来分类，此外还有带弧形筛的反击式破碎机、带烘干功能作用的反击式破碎机等。

（1）按转子转向分类 反击式破碎机有单向转动及可逆转动两种类型，可逆转动反击式破碎机可待锤头工作面磨损过度时使转子改变为反向运转，可使用板锤的另一个锤击作用面。因此减少了板锤更换的次数，提高了设备的作业率，可逆转动反击式破碎机如图 4-2（a）所示。

（2）按转子数量分类 反击式破碎机除了前述的单转子反击式破碎机，还有双转子反击式破碎机。不同类型双转子反击式破碎机如图 4-2（b）、（c）、（d）所示。

图 4-2（b）所示为两转子反向旋转的双转子反击式破碎机，它相当于两个单转子反击

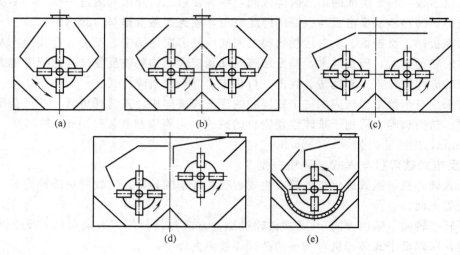

图 4-2　反击式破碎机的类型

式破碎机并联使用，生产能力大，可破碎较大块物料，作为大型粗、中碎破碎机使用。

图 4-2（c）所示为两转子同向旋转的双转子反击式破碎机，它相当于两个单转子反击式破碎机串联使用，该机的破碎比大、产品粒度均匀、生产能力大，可同时作为粗、中和细碎机械使用。这种破碎机可减少破碎级数，简化生产流程。

图 4-2（d）所示为两转子同向旋转但高度设置不同的双转子反击式破碎机，与水平设置双转子反击式破碎机相比，强化了两转子相对抛出物料时的自相撞击破碎，因此破碎比大，破碎部件的金属磨损较少。

（3）带弧形筛的反击式破碎机　带弧形筛的反击式破碎机如图 4-2（e）所示。该机近似为反击式破碎机与锤式破碎机的复合，兼有两种机型的优点，对物料的破碎效率高，产品粒度分布范围小且易于调整。

4.2.2　结构部件

（1）机壳与导料筛板　反击式破碎机的机壳用钢板制成，机壳内壁镶有高锰钢衬板，衬板磨损后可以拆换。为了便于检修，机壳的侧面设有检修孔。

导料筛板用型钢或铸钢制作，其作用之一是将细小物料分离卸出成为产品，使粗大物料进入破碎区得到更有效的破碎；作用之二是将物料引导至有效锤击且反击程度高的部位，提高设备的破碎效率。

（2）主轴与转子体　材质为优质钢锻造，一端通过联轴器与电动机相连。轴的中部安装转子体。

反击式破碎机转子体一般采用铸钢整体式，小型和轻型反击式破碎机也可采用钢板焊接的空心转子。铸钢转子体结构坚固耐用，易于安装板锤。转子体的质量大，转动惯量大，转动动能大，可使破碎机工作时板锤保持高速稳定回转状态，其作用效果类似于颚破机的惯性轮。因此，反击式破碎机不需另设惯性轮。为了防止细粒物料通过转子两端与机壳间缝隙时引起转子端部磨损，通常在其端部镶嵌有护板。

形状大多为表面带有凹槽的圆柱体，表面凹槽因板锤形状及板锤安装方式的不同而异。转子体结构及板锤的安装如图 4-3 所示。

（3）板锤　板锤是反击式破碎机的主要破碎部件，板锤的材质、形状、安装方式及数量等对物料的破碎与设备的能量消耗有重要影响。

① 板锤材质。板锤应具有强度高、耐磨性好等特性，依破碎机机型、规格及破碎物料的性质的不同，可采用的板锤材料有锻造碳素钢、锰钢、合金钢等，也可采用双金属复合材料制作板锤。

② 板锤形状。板锤的形状与其紧固方式及工作载荷情况密切相关。板锤形状设计应满足工作可靠、装卸简便和提高板锤金属利用率的要求。板锤的长度与转子体的长度基本相同，形状有长条形、工字形、斧形、梯形等多种形状。

③ 板锤安装。板锤安装紧固方式有螺栓紧固、嵌入紧固、顶丝紧固、楔铁紧固（见图 4-3）等。螺栓紧固方式是板锤借助螺栓紧固于转子体的板锤座上。嵌入紧固方式是板锤从转子体侧面轴向插入转子体的相应槽孔内，为了防止转子体轴向窜动，两端采用压板定位，该方式装卸简便、制作容易。楔铁紧固方式是用楔形铁塞

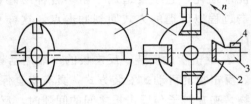

图 4-3 转子体结构及板锤的安装
1—转子体；2—楔形铁；3—板锤；4—耐磨金属板

入板锤与转子体间的相应槽孔内使之紧固，楔铁紧固方式工作较为可靠，装卸也较方便。

以上几种紧固方法，以螺栓紧固法的板锤利用率较高，通常可达 50％左右。但它更换费事，也不适宜高冲击载荷，故一般用于较小规格。嵌入法和模块紧固法虽然更换方便，工作也较可靠，但其金属利用率较低。

④ 板锤数量。板锤数量多少要与加工物料的尺寸和转子转速相适应。加工物料的尺寸大，板锤数量应少些。反之板锤数量应多些。

（4）反击板 反击板是反击式破碎机参与对物料破碎的重要破碎部件，反击板的作用是承受被板锤击出的物料在其上撞击破碎，并将冲击破碎后的物料重新弹回锤击区，再次进行冲击破碎。其目的是确保整个冲击过程正常进行，最终获得所需的产品粒度。板锤的材质、形状、安装方式及数量等对物料的破碎与设备的能量消耗也有重要影响。

① 反击板的材质。反击板承受物料的高速撞击，因此反击板应高强耐磨。反击板一般采用钢板焊成，其反击工作面上装有耐磨的锰钢衬板。

② 反击板的形状。根据对物料的破碎要求，可以选择恰当的反击板形状。反击板的形状有折线形、渐开线形、圆弧形等。圆弧形反击板又细分为自击型、前进型、后退型。反击板的形状及物料的反击形式如图 4-4 所示。

折线形［见图 4-4（a）］反击板制作简单，但对物料的反击效果较差。渐开线形反击板［见图 4-4（b）］的主要特点是，在反击板各点上物料都是以垂直的方向进行冲击，因此可

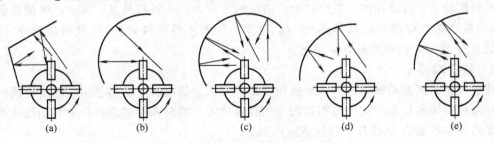

图 4-4 反击板的形状及物料的反击形式

获得最佳的破碎效果。但是由于渐开线形反击板制作困难，而且实际破碎时，由于料块在腔内相互间的干扰，其运行轨迹已不规则，渐开线形反击板也失去实用意义。故通常采用近似渐开线的折线形反击板代之。圆弧形反击板有自击型、前进型、后退型等，自击型反击板［见图4-4（c）］可使料块由反击板反弹出来之后，在破碎腔内的某个区域形成激烈的物料相互冲击粉碎区，提高了设备对物料的自由冲击破碎效果。前进型反击板［见图4-4（d）］可使物料反弹的路线呈锯齿形朝向卸料端方向前进，以减少因料块在腔内的干扰而引起的能量损耗，它主要适用于粗碎各种易碎物料。后退型反击板［见图4-4（e）］使物料在反击过程以后退的方式回到冲击点，这样可增加物料承受冲击的次数，获得较细粒级的产品。

③ 反击板的安装。反击板的一端用活铰悬挂在机壳上，另一端用悬挂螺栓将其位置固定。反击板的可动式安装方式，具有安全保险装置的作用。当破碎区中落入大块物料或非破碎物，夹在转子与反击板之间的间隙时，反击板受到较大顶力而使反击板的悬挂端向后移开被抬起，转子与反击板之间的间隙增大，放过难碎物或非破碎物，避免转动轴等设备部件被破坏。而后反击板在自重作用下，又恢复原来位置，此即为反击式破碎机的安全保险装置的作用。拧动反击板的悬挂螺栓，改变反击板与转子之间的间隙，可调节破碎机的产品粒度大小。此外还有液压悬挂式反击板的安装方式，以液压缸代替螺栓，改变液压缸中活塞的位置可调节反击板的位置，此种方式调节简便省力。

④ 反击板的质量。反击板的质量大小对物料破碎效果影响很大。为减小反击板可动安装方式对物料反击破碎的缓冲作用，保证对正常物料的反击效果，反击板应具有较大的质量和静止惯性。

4.3 反击式破碎机主要工作参数的确定

4.3.1 转子尺寸及入料粒径 $d_入$

转子直径 D 与转子长度 L 一般确定为

$$\frac{D}{L} = 0.7 \sim 1.5 \tag{4-1}$$

转子直径 D 与入料粒径 $d_入$ 的关系一般确定如下。

小型机 $$\frac{D}{d_入} = 4 \sim 8 \tag{4-2}$$

大型机 $$\frac{D}{d_入} = 2 \tag{4-3}$$

入料粒径 $d_入$ 对破碎比、生产能力、功耗的影响为：入料粒径 $d_入$ 减小，可使得破碎比 i 降低，生产能力 Q 增加，功率消耗 $N_耗$ 减少；加大入料粒径 $d_入$，可使得破碎比 i 提高，生产能力 Q 减少，功率消耗 $N_耗$ 增加。

4.3.2 转子转速 n

转子转速的高低对物料破碎效果及功耗影响很大。提高转子的转速 n，可使板锤的动能提高，对物料锤击程度加大，物料被加速的程度增大，物料获得动能多，物料的反击及自击的程度高，生产能力 Q 提高，功耗 $N_耗$ 降低。

若设置过高的转子转速 n，锤头动能更大（动能过大超出物料破碎的所需能量），设备

的功耗 $N_{耗}$ 增加，生产能力 Q 反而减小，并且使得转子的不平衡振动程度加大，转动轴与轴承的寿命降低。通常按经验公式确定设备的转速。

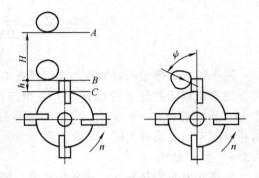

粗碎机　$v = 15 \sim 40 \text{m/s}$

细碎机　$v = 40 \sim 80 \text{m/s}$

4.3.3　板锤数目 Z

板锤数目是指转子体圆周的板锤数。板锤数目 Z 少，自导料筛板滑下的物料经过有效锤击部位，落至转子体表面，板锤还未回转至该部位，物料不能被板锤有效锤击；板锤数目 Z 多，自导料筛板滑下的物料尚未进入有效锤击

图 4-5　物料的下落过程及板锤与物料的接触角

部位，就被板锤端头打击，板锤与物料接触角 $\psi < 90°$，物料也不能被板锤有效锤击（见图 4-5）；板锤数目 Z 恰当，若需破碎的物料自板锤端面外侧落至有效锤击部位（该部位的板锤与物料接触角 $\psi = 90°$）的时间 t_h，与转子的下一个板锤回转至该位置的时间 t_z 相等，那么不断加入的物料就能得到板锤的有效锤击。相邻板锤经过同一位置的间隔时间 t_z 为

$$t_z = \frac{60[\pi D - Z(\delta_1 + \delta_2)]}{Z \pi D n}$$

式中　D——转子直径，m；

　　　n——转子转速，r/min；

　δ_1，δ_2——板锤支架及板锤的厚度，m。

若物料由入料口垂直落下，在时间 t_H 内加速下落至板锤端面位置，即物料由 A 点落至板锤端面 B 点，至 B 点的速度为

$$v_B = g t_H \tag{4-4}$$

由 $H = \frac{1}{2} g t_H^2$，即 $t_H = \sqrt{\frac{2H}{g}}$，则 v_B 为

$$v_B = g \sqrt{\frac{2H}{g}} = \sqrt{2gH} \tag{4-5}$$

物料由 B 点落至 C 点的有效锤击部位，其路程为 h，因 h 较小可认为该落程为匀速过程，速度为前一过程的末速 v_B，所需时间为 t_h'。

$h = v_B t_h' = \sqrt{2gH} \, t_h'$，则 t_h' 为

$$t_h' = \frac{h}{\sqrt{2gH}} \tag{4-6}$$

考虑物料并非垂直落下，以及导料筛板对物料滑过的摩擦阻碍作用，故应引入修正系数 K_h。物料垂直落下时 $K_h = 1.0$，沿 45° 导料筛板时 $K_h = 2.04$。则该过程的时间为

$$t_h = K_h t_h' = \frac{K_h h}{\sqrt{2gH}} \tag{4-7}$$

由 $t_\mathrm{h}=t_\mathrm{z}$，可确定板锤数目 Z 为

$$Z=\cfrac{1}{\cfrac{K_\mathrm{h}hn}{60\sqrt{2gH}}+\cfrac{\delta_1+\delta_2}{\pi D}} \tag{4-8}$$

用上述方法确定板锤数目与实际情况有一定误差，但对结构和参数的确定有设计指导意义。为简化板锤数目 Z 的确定，工业生产中常用经验公式来确定 Z：转子直径 $D<1.0\mathrm{m}$，$Z=3$；转子直径 $D=1.0\sim1.5\mathrm{m}$，$Z=4\sim6$；转子直径 $D=1.5\sim2.0\mathrm{m}$，$Z=6\sim10$。破碎硬物料或破碎比要求较大时，Z 取上限。

4.3.4 生产能力 Q

生产能力与物料特性、设备的类型、转子转速、破碎比、加料均匀性、导料筛板的位置等有关。假定碎后物料的粒径为 $d_\text{产}$，每只板锤经过反击板下沿时，排出的物料体积 V_1 为

$$V_1=(h+e)d_\text{产}L \tag{4-9}$$

式中　h——板锤高度，m；

　　　e——板锤与反击板下沿的间隙距离，m；

　　　$d_\text{产}$——碎后物料的粒径，m；

　　　L——板锤长度，m。

转子转一周排出的碎后物料体积为 V_0，有

$$V_0=(h+e)d_\text{产}LZ \tag{4-10}$$

式中　Z——板锤数目，只。

考虑排出物料的松散性，以及板锤空打因素，引入系数 K，那么生产能力 Q 为

$$Q=60V_0nK\rho=60(h+e)d_\text{产}LZnK\rho \tag{4-11}$$

式中　n——转子转速，r/min；

　　　K——物料松散及板锤空打系数，$K=0.1$；

　　　ρ——物料堆积密度，t/m³。

4.3.5 电动机功率 N_m

反击式破碎机电动机功率 N_m 的经验公式如下。

$$N_\mathrm{m}=K_1Q \tag{4-12}$$

式中　K_1——系数，kW/t，K_1 取值为 $0.5\sim2.0$，粗碎取 $0.5\sim1.2$，细碎取 $1.2\sim2.0$。

$$N_\mathrm{m}=K_2Qi^{1.2} \tag{4-13}$$

式中　K_2——物性系数，中硬料 $K_2=0.026$；

　　　i——破碎比。

$$N_\mathrm{m}=\frac{0.0102Qv^2}{g} \tag{4-14}$$

式中　v——板锤的圆周线速度，m/s；

　　　g——重力加速度，$g=9.81\mathrm{m/s^2}$。

综合以上三式可见：提高生产能力 Q 或破碎比 i，均会相应增加设备的功耗；但是提高转子的转速 v，却会使功耗增加的幅度更大。因此，反击式破碎机在满足其他条件情况下，应尽可能以较低的转速 v 工作，如此可以减小所需的电动机功率 N_m，降低功耗。

思 考 题

1. 反击式破碎机与锤式破碎机的结构、工作过程有何异同点？
2. 反击板的类型、作用及安装。
3. 反击式破碎机的板锤数目如何确定？
4. 反击式破碎机的转速 n 对 Q、i、N_m、$d_产$ 有何影响？

5 轮碾式破碎机

5.1 轮碾式破碎机的构造及工作原理

5.1.1 轮碾式破碎机构造

图 5-1 所示为顶部传动轮转式水碾机。图 5-2 所示为底部传动式轮碾破碎机的构造示意。该机主要由动力传动部分（电动机、减速器、锥形齿轮等）；物料破碎部分（碾轮、碾盘、刮板等）；物料排出部分以及机架等构成。

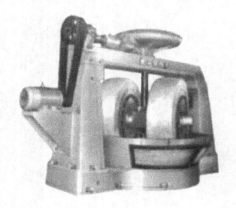

图 5-1 顶部传动轮转式水碾机

1
2
物料
3
8
4
5
7
6
产品

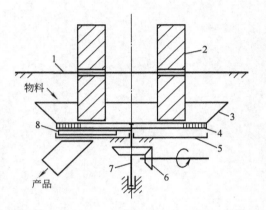

图 5-2 底部传动式轮碾破碎机的构造示意

1—碾轮横轴；2—碾轮；3—碾盘；4—筛孔板；5—集料盘；6—锥形齿轮；7—立轴；8—刮板

轮碾（式）破碎机的设备规格以碾轮直径与碾轮宽度的尺寸（mm）标称，如“$\phi1600\times400$”。

5.1.2 轮碾破碎机工作原理

（1）设备的动力传递过程 电动机的动力经一级减速部件（大小带轮或减速器）和二级减速部件（一对锥形齿轮）传递至立轴。

立轴与碾盘固定装配，立轴与碾盘同时转动，碾盘达到正常转速后向碾盘中加入物料，碾盘中物料增多至接触碾轮轮缘时，随碾盘回转的物料摩擦带动碾轮，碾轮随之绕碾轮横轴转动。

（2）物料的破碎过程 加入的块状物料随碾盘转动，运行至碾轮底部被碾轮和碾盘施以相对作用力破碎。相对作用力有挤压力和剪切力。

碾轮的重压作用使得物料被碾轮和碾盘挤压破碎；碾轮的轮缘不同位置处与碾盘存在着线速度差（滑动速度），由此产生的剪切力对物料产生磨剥破碎。图 5-3 所示为碾轮与碾盘的滑动速

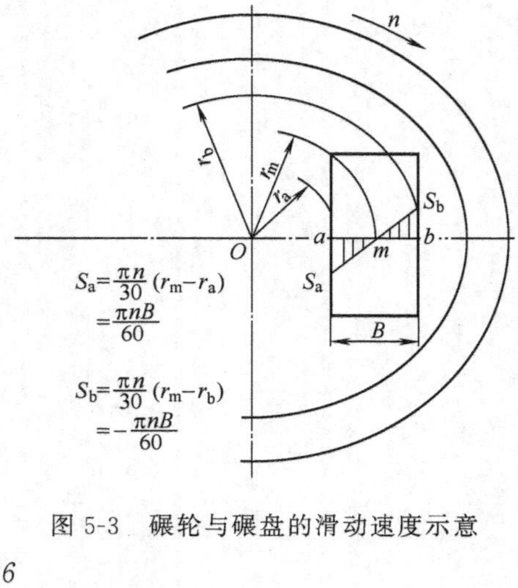

n
r_b
r_m
r_a
S_b
O
a
m
b
S_a
B
$S_a=\frac{\pi n}{30}(r_m-r_a)$
$=\frac{\pi nB}{60}$
$S_b=\frac{\pi n}{30}(r_m-r_b)$
$=-\frac{\pi nB}{60}$

图 5-3 碾轮与碾盘的滑动速度示意

度示意。

破碎为粒状的物料由碾底筛孔板孔洞卸出。

5.2 轮碾式破碎机的分类及应用特点

5.2.1 轮碾式破碎机的分类

（1）按传动方式分类

① 盘转式轮碾破碎机可分为：下传动式；上传动式；边缘传动式（见图5-4）。

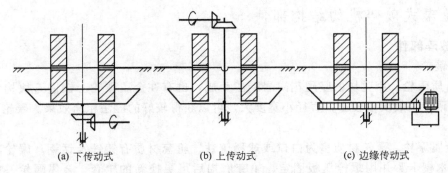

(a) 下传动式　　　　　(b) 上传动式　　　　　(c) 边缘传动式

图5-4　盘转式轮碾破碎机的传动方式示意

② 轮转式轮碾破碎机可分为：下传动式；上传动式（见图5-5）。

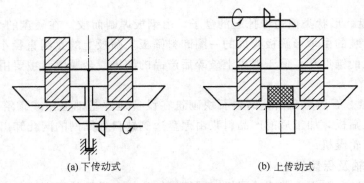

(a) 下传动式　　　　　　　　(b) 上传动式

图5-5　轮转式轮碾破碎机的传动方式示意

（2）按工艺用途分类

① 干式破碎轮碾破碎机。加工物料的水分应小于10%，入料粒径 $d_入$ 为30mm左右，产品粒径 $d_产$＜10mm，该类型破碎机多为盘转式，产品的排出方式为碾底筛孔板卸料。

② 湿式粗磨轮碾破碎机。加工物料的水分应大于30%，入料粒径 $d_入$＜10mm为宜，产品粒径 $d_产$＜0.1mm，该类型破碎机多为盘转式，产品的排出方式为碾盘边侧筛网卸料。

（3）按破碎部件材质分类

① 铁质破碎部件。碾轮及碾盘均为钢铁质，碾轮的直径大、质量大、宽度小，金属钢铁破碎部件重力作用大，对物料主要为挤压破碎，多用于干式破碎物料。

② 石质破碎部件。碾轮及碾盘均为花岗岩等石质，碾轮的直径小、质量较小、宽度大，石质碾轮的重力作用小，对物料挤压破碎程度小。但碾轮与碾盘的相对滑动速度大，对物料主要产生磨剥破碎作用，多用于湿式粗磨物料。

5.2.2　轮碾机（轮碾破碎机）的应用特点

① 轮碾破碎机结构简单、可靠耐用，操作及维修简便。

② 轮碾破碎机加工物料的范围广，可以加工难于破碎的干硬物料或湿软物料。

③ 产品粒度分布均匀，产品形状多为立方浑圆状，具有较好的流动性，物料堆积时易于移动形成紧密堆积。

④ 与其他破碎机（反击式或锤式破碎机）相比，轮碾破碎机的破碎效率及生产能力稍低、功率消耗稍大。

5.3　轮碾式破碎机的结构部件

5.3.1　破碎部件

（1）碾轮

① 石质碾轮。用整块的坚硬花岗岩雕凿而成，也有在金属碾轮上镶嵌石块构成石质轮套。石质碾轮一般质量较小，直径小宽度大，可以获得较好的湿法粗磨效果。碾轮中心也设置轴承。

② 金属碾轮。碾轮材质多为白口或球墨铸铁，轮套材质有铸铁及锰钢。碾轮与轮套的固装采用木楔卡紧并用螺栓压板固定，轮套磨损后可更换新的轮套。金属碾轮一般质量较大，直径大宽度小，可以获得更好的干式挤压破碎效果。碾轮的中心部位设置轴承，与横轴连接。

（2）碾盘

① 金属碾盘。形状类似边缘掠起的盘子，由钢板焊制而成。在碾盘的半径大于 r_b 的位置，碾盘有可拆装的由伞形筛板构成的一圈卸料筛板。筛板上的孔洞直径小于 10mm，孔洞形状为上小下大的锥形孔，便于碾盘上破碎后产品的卸出。金属碾盘主要用于干式破碎用轮碾机。

② 石质碾盘。石质碾盘由花岗岩石块砌筑在设备地坪基础上，或砌筑在金属的碾盘架上。碾盘底部无筛板，加工后的产品料浆由碾盘边侧缺口处筛网的网孔卸出。石质碾盘主要用于湿式粗磨用轮碾机。

5.3.2　碾轮横轴及保险装置

（1）碾轮横轴　对于盘转式轮碾机，碾轮横轴为架空设置的固定轴。底部传动时碾轮横轴为直形轴，上传动时为直形穿孔轴，可使传动立轴由横轴的中孔穿过。

对于轮转式轮碾机，碾轮横轴为架空设置，轴的两端带动碾轮可绕机械的几何中心回转。碾轮横轴为曲折可动轴，每段曲折可动轴可绕中部联轴器扭动（见图 5-6）。

（2）保险装置

① 盘转式轮碾机保险装置。盘转式轮碾机的碾轮横轴是固定轴，装设在机架的滑道中，在碾轮横轴的轴端安装有矩形滑块，横轴的轴端滑块在机架支撑滑道中可进行垂直向上抬起和落下（见图 5-7）。

当入料中混有金属块或过大尺寸的料块时，碾轮和碾盘不能将其破碎，碾轮和横轴被抬起，横轴端头滑块在机架支撑滑道中上升，放过金属块或大料块。而后，横轴轴端在机架支撑滑道中下落，横轴和碾轮也恢复正常位置，由此避免了设备的传动部件和工作部件的过载损坏。横轴端头滑块与机架支撑滑道的上、下可动的连接结构，实现了安全保险装置作用。

在机架支撑滑道中放置有金属垫片或硬木垫片，增减垫片的数量可以改变横轴端头滑块

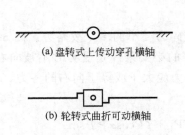

(a) 盘转式上传动穿孔横轴

(b) 轮转式曲折可动横轴

图 5-6　轮碾破碎机的碾轮横轴示意

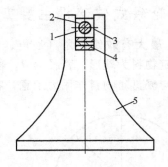

图 5-7　横轴轴端滑道支撑示意

1—横轴；2—轴端；3—滑道；4—垫片；5—机架

的位置，即改变了横轴碾轮的高度，调节了碾轮与碾盘的间隙大小。

碾轮与碾盘不直接接触，留有一定的间隙。如此可使大尺寸物料易于破碎；使产品粒度均匀性好；避免小尺寸物料的过度破碎；提高了设备的加工效率；设备启动容易。当碾盘中无料或料很少时，碾盘转动而碾轮不转动。随物料的不断加入，碾轮被摩擦带动回转，由此可实现设备开机时的分段启动，使设备启动容易并减小启动功率。下班前须停止加料，待碾盘中物料减少，碾轮停止转动后再断电停机。

② 轮转式轮碾机保险装置。横轴为两段曲折可动轴，每段轴可绕中部联轴器扭动。当入料中混有金属块时，碾轮不能将其破碎，曲折可动轴扭动，碾轮被金属块抬起，从而实现了安全保险装置作用（见图 5-6）。

5.3.3　排料装置

（1）盘转式轮碾机　盘转式轮碾机一般多为干式破碎物料，颗粒状产品由碾底筛孔漏出。漏下颗粒料的收集与移走有两种方式：集料盘随底部传动立轴转动，挡料刮板固定在机架上，此种收集与卸料方式称为集料盘转动式；另一种为刮料板转动式，刮料板随底部传动立轴转动，集料盘固定在机架上，物料被刮料板收集移动至集料盘的底部缺口处卸出。

（2）轮转式轮碾机　轮转式轮碾机一般多为湿式粗磨物料，碾盘中物料与较多量的水形成料浆，粗磨后的细小颗粒与部分水从碾盘缺口部位的筛网网孔中流出，落入储浆池。

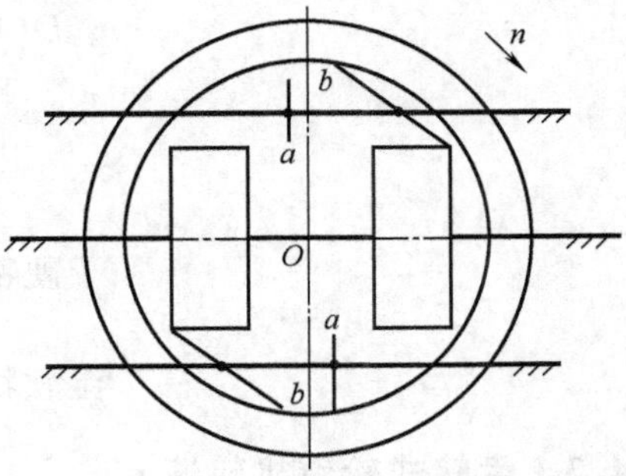

5.3.4　翻料及导料刮板

盘转式轮碾机在碾盘的上方及碾轮的旁边，架设有两根金属横杆，每根横杆各安装有翻料及导料刮板（见图 5-8）。

（1）翻料刮板　翻料刮板的高度和长度均较小，

图 5-8　翻料刮板及导料刮板示意

a—翻料刮板；b—导料刮板

其作用是将料层底部的粗料翻转显露，并将料层上方的细小颗粒移至下方易于卸出。此外，翻料刮板还具有清除筛孔板堵料的作用。

（2）导料刮板　导料刮板的高度和长度均较大，其放置的角度应与碾盘的转动方向相适应。导料刮板的作用是可将物料集中至碾轮部位，提高了物料被破碎的次数和设备的破碎效率，相应提高了生产能力，降低了物料破碎过程的单位能耗。

5.4 轮碾式破碎机主要工作参数的确定

5.4.1 最大有效作用角（啮角、钳角）α

假定物料为球形，直径为 d，物料所受的重力较破碎力要小的多，故略去。图 5-9 所示为碾轮与碾盘对物料作用力示意，物料能够被啮住破碎的必要条件是受力时不被向右挤出，其条件是向左的各力应大于或等于向右的各力，垂直力平衡，则有

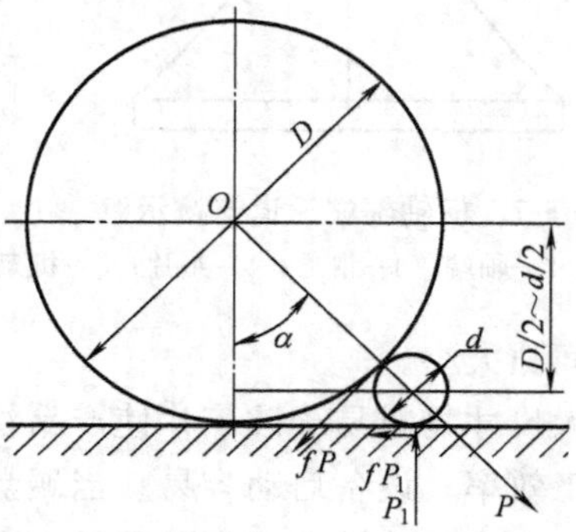

$$fP_1 + fP\cos\alpha \geqslant P\sin\alpha \tag{5-1}$$

$$P_1 - fP\sin\alpha - P\cos\alpha = 0 \tag{5-2}$$

解出

$$\tan\alpha \leqslant \frac{2f}{1-f^2} \tag{5-3}$$

因 $f = \tan\varphi$（φ 为物料与金属之间的摩擦角），代入式（5-3），由三角函数公式可得

图 5-9 碾轮与碾盘对物料作用力示意

$$\alpha \leqslant 2\varphi \tag{5-4}$$

物料与金属的摩擦因数 f 一般为 $0.3 \sim 0.45$（干硬物料 f 为 0.3，湿软物料 f 为 0.45），由摩擦因数 f 可计算出摩擦角 φ，代入式（5-4），可得啮角碾轮与碾盘间的啮角，即

$$\alpha = 30° \sim 50° \tag{5-5}$$

5.4.2 最大入料尺寸 $d_{\text{入max}}$ 的确定

由图 5-9 可知，碾轮直径 D 与入料尺寸 $d_入$ 及啮角 α 之间有如下关系

$$\frac{D-d_入}{2} = \frac{D+d_入}{2}\cos\alpha \tag{5-6}$$

$$D(1-\cos\alpha) = d_入(1+\cos\alpha) \tag{5-7}$$

$$\frac{D}{d_入} = \frac{1+\cos\alpha}{1-\cos\alpha} \tag{5-8}$$

干硬物料的 $\alpha = 30°$，$d_{\text{入max}} = \dfrac{D}{11}$

湿软物料的 $\alpha = 50°$，$d_{\text{入max}} = \dfrac{D}{5}$

5.4.3 盘转式轮碾机转速 n

盘转式轮碾机中的物料随碾盘绕轮碾破碎机的几何中心转动，碾盘转速 n 增大，物料被碾轮和碾盘破碎的次数提高，机械设备的破碎效率提高。若 n 过大，则物料所受离心力 P_n 随之增大，碾盘上的物料易发生离心向外的移动。

$$P_n = mr\omega^2 = mr\left(\frac{2\pi n}{60}\right)^2 \tag{5-9}$$

处于碾盘边缘部位粒径大、质量大的料块，极易甩出碾盘。因此，碾盘转速 n 应按物料随碾盘回转的离心移动状态确定。处于碾盘上的物料并非处于光滑圆盘上，物料由于自身重

力 $G_料$ 与碾盘之间产生有摩擦力 F，物料与碾盘之间的摩擦因数 f 为 $0.3 \sim 0.45$，则有

$$F = G_料 f \qquad (5\text{-}10)$$

物料不产生离心移动的临界条件是

$$F = P_n \qquad (5\text{-}11)$$

即

$$G_料 f = mr\left(\frac{2\pi n}{60}\right)^2 \qquad (5\text{-}12)$$

物料的回转半径 r 以平均半径 r_n 代入式（5-12）得

$$G_料 f = \frac{G_料 r_m \pi^2 n^2}{900g} \qquad (5\text{-}13)$$

因 $\pi^2 \approx g$，近似计算后则有

$$n = 30\sqrt{\frac{f}{r_m}} \qquad (5\text{-}14)$$

对于干硬物料，金属碾盘与物料的摩擦因数 $f = 0.3$，其相应的转速为

$$n = \frac{16.5}{\sqrt{r_m}} \qquad (5\text{-}15)$$

对于湿软物料，金属碾盘与物料的摩擦因数 $f = 0.45$，其相应的转速为

$$n = \frac{20}{\sqrt{r_m}} \qquad (5\text{-}16)$$

盘转式轮碾机的实际转速应比计算值低 10% 左右，轮转式轮碾机比上述的计算值要低 20% 左右。

5.4.4 轮碾机生产能力 Q

干式破碎用轮碾机的生产能力 Q 的经验计算式为

$$Q = \frac{nGD}{28} \qquad (5\text{-}17)$$

式中　n——碾盘转速，r/min；

　　　G——碾轮质量，t；

　　　D——碾盘直径，m。

5.4.5 轮碾机所需功率 $N_需$

轮碾机所需功率 $N_需$ 要考虑如下几方面的功率支出：碾轮滚动摩擦耗功 N_1、碾轮滑动摩擦耗功 N_2、刮板摩擦耗功以及机械传动功率损失等。

$$N_需 = \frac{K(N_1 + N_2)}{\eta} \qquad (5\text{-}18)$$

即

$$N_{需} = KGBnZ\eta^{-1}\left(\frac{f}{24D} + \frac{f'}{384}\right) \qquad (5\text{-}19)$$

式中　　K——刮板阻力系数，$K = 1.1 \sim 1.5$；

　　　　G——碾轮的质量，t；

　　　　D——直径，m；

　　　　B——宽度，m；

　　　　Z——个数，$Z = 2$；

　　　　n——碾盘转速，r/min；

　　　　η——机械传动阻力系数，$\eta = 0.6 \sim 0.8$；

　　　　f——碾轮滚动摩擦阻力因数，$f = 0.01 \sim 0.03$；

　　　　f'——碾轮滑动摩擦阻力因数，$f' = 0.3 \sim 0.45$。

　　由上式可见，碾轮的质量大、宽度大、直径大，碾盘的转速高，均使轮碾破碎机所需的功率 $N_{需}$ 增加。

思 考 题

1. 盘转式与轮转式轮碾机的结构、工作原理。
2. 碾轮的直径、宽度及质量对物料的破碎有何影响？
3. 盘转式轮碾机的碾轮与碾盘之间应设置有一定的间隙，为什么？
4. 轮碾机的安全保险装置设置意义，如何实现安全保险作用？

6 球 磨 机

球磨机在硅酸盐工业中使用十分广泛，其主要优点如下。

① 对物料的适应性强，能适应各种性质物料的粉磨，如硬的、软的、脆的、韧性的物料等，且生产能力大。

② 粉碎比大，可达 300 以上，能将入磨粒径为 25～40mm 的物料粉磨到 1.5～0.07mm 以下，产品细度比较稳定，且容易调节。

③ 可在多种条件下操作，既可干法作业也可湿法作业，既可间歇操作也可连续操作，还可以实现粉磨兼烘干。

④ 结构简单、坚固，操作可靠，维护方便。

⑤ 有很好的密封性，可以负压操作，防止灰尘的飞扬。

球磨机的主要缺点如下。

① 工作效率低，耗电大。电能利用率低，其能源有效利用率只有 2%～7% 左右。

② 机体笨重，大型磨机可达几百吨，初次投资巨大。

③ 由于筒体转速很低，如用普通电动机驱动，则需配置昂贵的减速装置。

④ 粉磨介质和衬板消耗量很大。

⑤ 操作时噪声大。

6.1 球磨机的工作原理及分类

6.1.1 球磨机的工作原理

球磨机（简称磨机）是水平放置在两个大型轴承上的低速回转的筒体，它工作时依靠电动机经减速装置驱动筒体以一定的工作转速旋转。筒体内装有各种类型的衬板，用以保护筒体并将磨内粉磨介质提升到一定的高度。由于介质本身质量的作用，产生抛落或泻落，冲击筒体底部的物料，同时在磨机筒体回转过程中，粉磨介质还有滑动和滚动，使介于其间物料受到磨剥作用，这样不断地冲击和磨剥而将物料粉磨成细粉。磨内物料在承受粉磨介质冲击与研磨的同时，又由于筒体相邻两个横断面上的料面高差所形成的粉体动压力，物料缓慢地向磨机卸料端移动，直至卸出磨外，完成粉磨作业。

球磨机的规格一般用不带磨机衬板的筒体内径和筒体长度（$D \times L$）来表示。有时间歇式球磨机以装填物料的数量（吨）来表示。在硅酸盐工业中，可根据生产的规模和条件，采用各种不同类型和规格的球磨机。

6.1.2 球磨机的分类

球磨机的种类很多，分类也极不统一，主要的分类方法如下。

（1）按筒体的长度与直径之比分

① 短磨机。长径比在 2 以下时为短磨机。一般为单仓，用于粗磨或一级磨，或将 2～3 台球磨机串联使用。

② 中长磨机。长径比在 3 左右时为中长磨机。

③ 长磨机。长径比在 4 以上时为长磨机或称管磨机。中长磨和长磨，其内部一般分成

2～4 个仓。

　　磨机的筒身越短，物料在磨内停留时间越短，有些粗大颗粒还未经粉碎就从卸料端排出，产品粒度的均匀性差。短磨机一般配有分级设备，组成圈流粉磨系统。

　　（2）按筒内仓室数目分

　　① 单仓球磨机。在单仓磨机内，粉磨介质在筒体内分布与物料粉磨过程不相适应。

　　② 多仓球磨机。多仓球磨机是将单仓管磨机用隔仓板分隔成几个仓室，从喂料端开始，各个仓装入的粉磨介质的尺寸依次缩小，以适应磨内物料粒度的变化，这样，头仓以冲击方式为主粉碎物料，最后一仓以磨剥方式为主进一步将物料磨细。

　　（3）按磨内的粉磨介质形状分

　　① 球磨机。磨内装入的粉磨介质主要是钢球或钢段。这种磨机使用最普遍。使用钢段，增加粉磨介质与物料接触面积，以增强粉磨介质对物料的磨剥作用。

　　② 棒球磨机。这种磨机通常具有 2～4 个仓。在第一仓内装入圆柱形钢棒作为粉磨介质，以后各仓则装入钢球或钢段。

　　棒球磨机的长径比 $L/D=5$ 为宜，棒仓长度与磨机有效直径之比应在 1.2～1.5 之间，棒长较棒仓长度应短 100mm 左右为宜，以利于钢棒平行排列，防止交叉和乱棒。

　　③ 砾石磨。磨内装入的粉磨介质为砾石、卵石、瓷球等。用花岗岩、瓷料等作衬板，用于生产白色或彩色水泥以及陶瓷工业。

　　（4）按卸料方式分

　　① 尾卸式磨机。物料由磨机的一端喂入，由另一端卸出，称为尾卸式磨机。

　　② 中卸式磨机。物料由磨机的两端喂入，由磨体中部卸出，称为中卸式磨机。相当于两台球磨机串联使用，这种磨机设备紧凑，流程简化。

　　（5）按传动方式分

　　① 中心传动式磨机。这种磨机的传动装置是电动机经过减速器驱动传动轴，传动轴的轴心与磨机筒体的中心线一致。

　　② 边缘传动式磨机。这种磨机的传动装置是电动机经过减速器驱动与磨机筒体中心线平行的传动轴，再通过这根轴上的齿轮带动固装在磨机筒体端盖上的大齿环，使磨机筒体回转。

　　（6）按操作方式分

　　① 间歇（操作）式磨机。间歇式球磨机构造简单，装料卸料不能同时进行。粉磨效率和生产能力都较低，在陶瓷工业普遍用来粉磨坯料和釉料。

　　② 连续（操作）式磨机。装料、卸料连续进行，生产能力大。

　　（7）按生产方式分

　　① 干法磨机。干法粉磨喂入物料的水分不能高，否则物料发生黏结，排料不畅，干法粉磨的产品为粉料。

　　② 湿法磨机。湿法粉磨物料与水混合一起粉磨，粉磨产品为料浆。湿磨时物料容易流动，水能及时将细粒冲走，防止过粉碎现象。另外，水和溶解在水中的表面活性物质，渗入物料显微裂缝，有助于物料的细磨。因此，湿磨较干磨生产能力高，单位电耗低，但介质磨耗较高。

6.2　球磨机的构造

　　球磨机的类型和规格较多，但是它们的结构基本相同，主要由筒体、衬板、隔仓板、轴承、进卸料装置和传动装置等组成。

6.2.1 筒体

筒体是球磨机主要工作部件之一。物料在筒体内受粉磨介质的冲击和研磨作用而粉碎。筒体工作时除承受粉磨介质的静载荷外，还受到粉磨介质的冲击，而且筒体是回转的，所以在筒体上产生的应力是变化的。制造筒体的金属材料要求强度高、塑性好，还要能够焊接。一般采用普通结构钢 Q235，大型磨机的筒体，采用 16Mn 钢制造。

筒体上的每一个仓都应开设一个磨门（又称人孔门）。磨门的作用是便于人员进入，镶换衬板、隔仓板，装填或倒出研磨介质，以及停磨时检查磨机的操作情况。各仓磨门的位置应在筒身两边的直线上交错排列，平衡磨门重力产生的惯性离心力。为保证筒体强度，磨门的形状一般是圆形、椭圆形或圆角方形，避免应力集中产生裂纹，引起筒体的破坏。

磨机运转与长期停止时筒体的长度是不一样的，这是由于筒体温度不同引起热胀冷缩所致。为了保证齿轮的正常啮合，靠近磨机传动装置的卸料端不允许有任何轴向窜动，因此，要在进料端设置适应轴向热变形的结构：一种是在空心轴颈的轴肩与轴承间预留间隙；另一种是在轴承座与底板之间水平安装数根钢辊，当筒体热胀冷缩时，进料端主轴承底座可沿辊子移动。

6.2.2 衬板

衬板是用来保护筒体，使筒体免受粉磨介质和物料的直接冲击和摩擦，同时也可利用不同形式的衬板来调整各仓粉磨介质的运动状态。

物料在进入磨机时颗粒较大，这要求有较大的粉磨介质以冲击作用为主，以后物料粒度逐渐递减，要粉磨到要求的产品细度，粉磨介质尺寸应相应减小，研磨作用增加。但由于磨机转速是恒定的，这就要利用不同表面形状的衬板，使之与粉磨介质产生不同的摩擦因数，来改变粉磨介质的运动状态，以满足物料粉磨过程的要求。

球磨机的衬板大多数采用金属材料制造，粗磨仓的衬板应具有良好的抗冲击性。多数采用高锰钢制造，亦有采用镍硬质合金钢、高铬硬质合金钢或铬、锰、硅合金钢制造，它们的强度和耐磨性更好。细磨仓的衬板应具有良好的耐磨性，可采用耐磨白口铁、冷硬铸铁、中锰稀土球墨铸铁等材料制造。

衬板也可用非金属材料制造，如橡胶衬、石衬等，但应用较少。

衬板的类型较多，常见的有以下几类。

(1) 平衬板 图 6-1 (a) 所示为平衬板。平衬板不论是弯曲光滑的表面，还是在表面上铸有一些花纹，它对粉磨介质的作用基本上都是依靠衬板与粉磨介质之间的静摩擦力。容易出现滑动现象，降低粉磨介质的上升速度和提升高度，但也正因为有滑动现象，才增加了粉磨介质的研磨作用。因此，平衬板用于细磨仓较为适宜。

(2) 压条衬板 图 6-1 (b) 所示为压条衬板。压条衬板由压条和平衬板组成。压条上有螺栓，通过压条将衬板固定。

压条衬板对粉磨介质的作用不仅包括平衬板部分和粉磨介质的摩擦力，还有压条侧面对粉磨介质的直接推力，因而，使粉磨介质升得较高，具有较大的冲击能量。所以压条衬板适合于作为头仓的衬板，尤其是对物料粒度大、硬度高的情况更合适。因压条衬板是组合件，可根据不同的磨损状况及使用寿命进行更换。压条衬板最大的缺点是提升能量的不均匀，压条前侧面附近的粉磨介质被带得很高，但在远离压条的地方又类似于平衬板那样出现了局部滑动。当磨机转速过高时，被压条前侧带得过高的粉磨介质抛落到对面衬板上面，冲

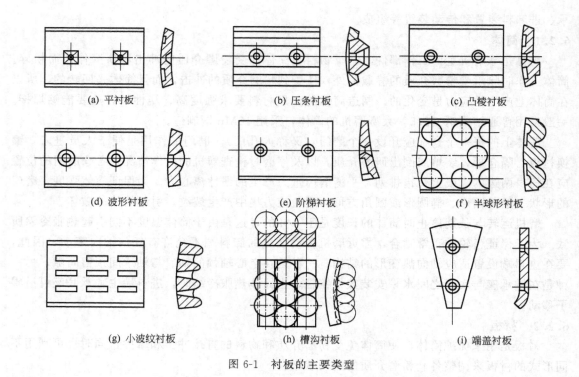

(a) 平衬板	(b) 压条衬板	(c) 凸棱衬板
(d) 波形衬板	(e) 阶梯衬板	(f) 半球形衬板
(g) 小波纹衬板	(h) 槽沟衬板	(i) 端盖衬板

图 6-1　衬板的主要类型

击不着物料，反而加速了衬板与粉磨介质的磨损。所以，对于转速较高的磨机不适于安装压条衬板。

（3）凸棱衬板　图 6-1（c）所示为凸棱衬板。它是在平衬板上铸成断面为半圆的或梯形的凸棱。凸棱的作用与压条相同。由于是一体的，所以当凸棱磨损后需更换时，平衬板部分也随之报废。凸棱衬板的优点是衬板的刚性大，不易变形。

（4）波形衬板　图 6-1（d）所示为波形衬板。使凸棱衬板的凸棱平缓化就形成了波形衬板。对于一个波节，上升部分对提升粉磨介质是很有效的，而下降部分却有些不利的作用。这种衬板的带球能力较凸棱衬板显著减少。使粉磨介质产生一些滑动，避免将某些粉磨介质抛起过高，防止产生过大的冲击力而损伤衬板。

（5）阶梯衬板　图 6-1（e）所示为阶梯衬板。阶梯衬板由于表面有一个倾角，加大了其对粉磨介质的带动能力。阶梯衬板工作表面做成阿基米德对数螺线，能够均匀地增加提升介质的能力。沿衬板表面均形成相同的倾角，对同一球层被提升的高度均匀一致，衬板表面磨损均匀，磨损后不致显著地改变其表面形状。各层介质会按倾角排列，这不仅减少了衬板与最外层介质之间的滑动和磨损，而且还防止了不同层次的介质之间的滑动和磨损。阶梯衬板常用于磨机的粗磨仓。

（6）半球形衬板　图 6-1（f）所示为半球形衬板。应用半球形衬板可以完全避免在衬板上产生环向磨损沟槽，能大大降低粉磨介质及衬板的磨损，介质和衬板的使用寿命延长，磨机产量提高。半球体的直径一般为该仓最大球径的 2/3 左右，半球的中心距不大于该仓平均球径的 2 倍，半球成三角形排列，以阻止钢球沿筒体滑动。

（7）小波纹衬板　图 6-1（g）所示为小波纹衬板。这是一种适合细磨仓装设的无螺栓衬板，其波峰和节距都较小。

（8）槽沟衬板　图 6-1（h）所示为槽沟衬板。在粉磨介质与磨机衬板之间的滑动摩擦是使衬板磨损并产生环向槽沟的主要原因，但使得粉磨介质在槽沟衬板上进行特定运动，就会有利于磨体的粉磨过程，减少衬板的磨损。粉磨介质由槽沟衬板规定的特定运动，使得衬板或者螺栓不会发生断裂现象，避免粉磨介质对磨机衬板暴露面的无效撞击。

（9）端盖衬板　图 6-1（i）所示为端盖衬板。其表面都是平的，用螺栓固定在磨机的端盖上，以保护端盖不受粉磨介质和物料的磨损。

（10）角螺旋衬板　角螺旋衬板适用于进料粒度较小、成品要求较粗的粗磨。安装角螺旋衬板的磨机的工作断面为圆角方形，且衬板沿轴向相互错开一定角度。角螺旋衬板最大特点是在磨机回转一周时，介质的脱离角在一个区域内发生多次变化，而降落点也相应发生变化，可改变在单位时间内粉磨介质在磨内的循环次数，增加粉磨介质和物料的接触和混合。衬板转角使粉磨介质及物料获得向出料端运动的推力，使粉磨介质及物料沿磨机轴向产生相对运动，增加了介质对物料的磨剥作用，还促使粉磨介质实现自动分级。衬板转角还使方形断面在磨机内部形成与磨机轴线相垂直的附加剪切面，当粉磨介质降落时，产生对物料的剪切作用，同时粉磨介质产生相对滑动，也增加了粉磨介质对物料的磨剥作用。改变衬板转角的大小，还能调节物料在磨内的停留时间，从而控制产品的细度。

但使用角螺旋衬板，介质被提升的平均高度降低，破碎能力降低，因而对粗碎不利。作为细磨泻落滚动机会少，对研磨也可能带来不利影响。

（11）分级衬板　分级衬板是指能起钢球在磨机轴间分级作用的衬板的总称。

物料在磨内粉碎过程中，其粒度大小是沿磨机轴向不断减小的，因此希望磨内钢球能按粒度减小的规律自动分级。分级衬板常用的是锥形分级、一平一斜的排列方式（见图 6-2）。

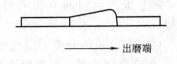

出磨端

图 6-2　锥形分级衬板一平一斜排列

由于衬板斜面反作用于钢球的水平分力正比于球径的 3 次方，而钢球水平运动的阻力正比于球径的 2 次方，这样，在磨机运转一定时间后，大钢球便移向进料端，而小钢球被迫排向出料端，从而达到轴向大小分级。

一般分级衬板适用于 L/D 较大的情况。但是分级衬板一般不用于头仓，因为分级衬板增加提升力不大；相反由于钢球分级，空隙率增大，而头仓球径、空隙率本来就较大，分级后将使物料流速过快，对粉磨不利。

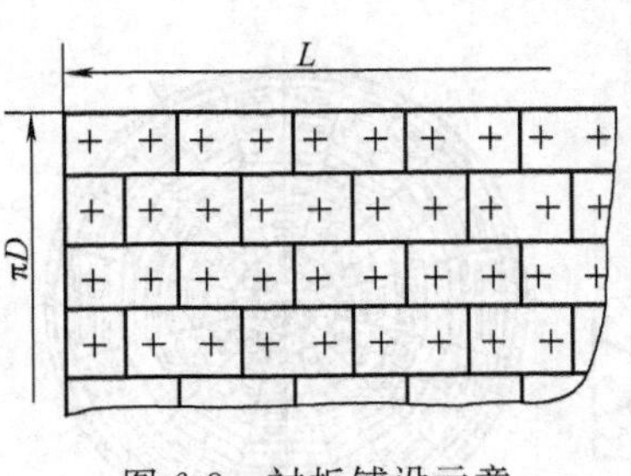

确定衬板的规格时应该考虑到装卸和进出磨门时方便。通常衬板的宽度约为 314mm，整块衬板长为 500mm，半块衬板长为 250mm，平均厚度为 50mm 左右。

衬板排列时环向缝不能贯通，要互相交错，如图 6-3 所示，以防止粉磨介质残骸及物料对筒体内壁的冲刷作用，为此衬板分为整块及半块两种。

图 6-3　衬板铺设示意

衬板的固定有用螺栓连接和镶砌两种方式。头仓的衬板一般都是用螺栓固定的，所用螺栓有圆头、方头或椭圆头多种。安装衬板时，要使衬板紧紧贴在筒体内壁上，不得有孔隙存在。也可在衬板与筒体间装设衬垫。为了防止松动，螺栓要求带双螺母或防松垫圈。螺栓连接固定的优点是：抗冲击、耐振动，比较可靠。其缺点是：需要在筒体上钻孔，削弱了筒体强度，且可能导致漏料。

磨机细磨仓的小波纹衬板，一般都是互相交错地镶砌在筒体内，彼此挤紧时就形成"拱"的结构，再加上水泥砂浆的凝结硬化，一般是十分牢固的。为了能够挤紧，在衬板的环向方向用铁板楔紧。

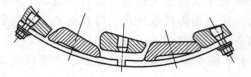

图 6-4 少用螺栓的磨机衬板

为了增加磨机筒体的强度，同时降低螺栓接合的维修费用，出现有多种新型衬板结构。图 6-4 所示为少用螺栓的磨机衬板，每隔一块衬板用螺栓紧固，而中间的衬板则由两边有螺栓的衬板加以锁固，因此螺栓数量就可减少一半。

6.2.3 隔仓板类型

（1）隔仓板的作用 隔仓板有三方面的作用。

① 隔仓板的首要任务是满足分仓的要求。使磨内不同直径的钢球分开，以适应物料粉磨过程中粗粒级用大球、细粒级用小球的合理原则。同时卡住粗颗粒，防止它从头仓窜向后仓。一旦过粗颗粒跑到后仓，则因后仓没有大球，无法粉碎而将造成"跑粗"。

② 控制物料流速。使各仓料位相互适应、球料比适当，以满足不同的粉磨过程和操作制度的变动。隔仓板的排料结构和箅孔宽度、箅孔形状的联合作用，保证不阻塞和合理的流速，使物料在磨内有合适的停留时间。

③ 有利磨内通风。作为烘干兼粉磨磨，需要通入大量热风以烘干物料。作为水泥磨则需通过通风来散去热量以冷却水泥。通风的另一个目的是及时快速地移出粉磨细粒减少过粉磨。隔仓板能起到调节通风的作用。如果隔仓板有效断面太小，压力降上升，能耗将会增加。

（2）隔仓板的分类 隔仓板可分为单层隔仓板和双层隔仓板。

① 单层隔仓板。单层隔仓板有弓形隔仓板和扇形隔仓板两种。弓形隔仓板由弓形箅板组成，如图 6-5（a）所示，每一块弓形板都用螺栓固装在筒体上，在中心的两侧用盖板以螺栓加固。扇形隔仓板如图 6-5（b）所示，它是由扇形箅板组成的，用中心圆板把这些扇形板连成一个整体。隔仓板的外圈箅板用螺栓固定在磨机筒体的内壁上。内圈箅板装在外圈箅板的齿口里。中心圆板和环形固定圈用螺栓与内圈箅板固定在一起。扇形单层隔仓板的牢固程度不及弓形隔仓板，但安装较方便。

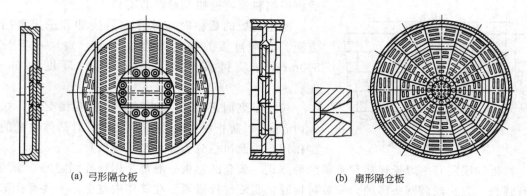

(a) 弓形隔仓板　　　　　　　　　　　(b) 扇形隔仓板

图 6-5 单层隔仓板

单层隔仓板结构简单，在磨内所占容积少，但料流速度慢，物料前进时受下一仓料面高度的影响。

② 双层隔仓板。双层隔仓板有过渡仓式双层隔仓板和提升式双层隔仓板。

过渡仓式双层隔仓板如图 6-6 所示，一般用于湿法磨机，它由一组盲板和一组算板组成。隔仓板靠头仓的一面（进料方向）是盲板，当头仓内物料高于环形固定圈时，物料就流进双层隔仓板中间，然后再经过算板进入后仓。通不过去的大块料和碎粉磨介质被阻留在双层板中间，定时停磨清除。仓板座用螺栓固定在磨机筒上，盲板装在仓板座上，环形固定圈装在盲板上，算板装在仓板座上，盲板与算板中间有定距管用螺栓拧牢，在算板上装有中心圆板。

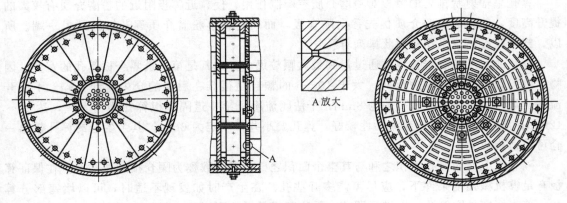

图 6-6　过渡仓式双层隔仓板

提升式双层隔仓板如图 6-7 所示，盲板和扬料板用螺栓固定在隔仓板架上，隔仓板座固定在磨机筒体内壁上，算板及盲板装在隔仓板座上，导料锥装在双层板中间，其上装有中心圆板。物料通过算板进入双层隔仓板中间，由扬料板将物料提升倒入导料锥上，随着磨机回转进入下一仓。

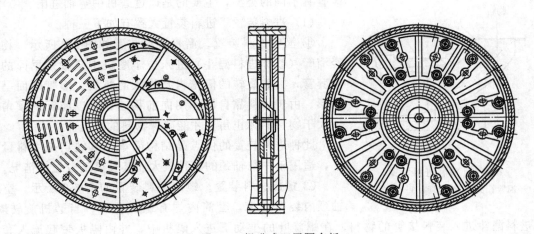

图 6-7　提升式双层隔仓板

提升式双层隔仓板，因在隔仓板间装有扬料板，具有强迫物料流通的功能，通过的物料量不受相邻两仓物料面的限制，甚至头仓的物料面比后仓物料面稍低的情况下仍可通过物料，可以控制其前后两仓的适宜的"球料比"。因此，它适合安装在干法磨机的粉碎仓。因为在粉碎仓，冲击是主要工作形式，要求该仓有较少的存料，有利于冲击力的发挥。但它减少了磨机的有效容积；在其两侧的存料都很少，在此区域粉碎效果降低，同时也加剧了隔仓板的磨损；另外，它还较单层隔仓板构造复杂，通风阻力较大。

③ 隔仓板的算孔。隔仓板算孔的排列方式很多，主要是同心圆排列和辐射状排列两类。

同心圆排列的孔平行于粉磨介质和物料的运动线路。因此，对物料的通过阻力小，通过量较多，且不易堵塞，但通过的物料容易返回，而辐射状排列算孔与此相反。

双层隔仓板上的算板由于不存在物料返回问题，从而消除了同心圆排列的缺点，而保留其优点。因此，双层隔仓板的算孔通常都是同心圆排列的。为便于制造，同心圆排列常以其近似形状代替，形成多边形排列。

算孔呈辐射状排列的算板对粉磨介质有牵制作用，使靠近算板附近的粉磨介质有较大的提升高度，使大的粉磨介质优先移向隔仓板，而同时将小粉磨介质逐渐排挤到另一端。所以，卸料算板不宜采用辐射状排列算孔。

算孔的宽度控制着物料的通过量和最大颗粒尺寸，尤其是第一道隔仓板算孔的宽度。因物料的粉碎是在第一仓进行的，大于 10mm 的颗粒是很难在后面的仓内得到粉碎。干法开流磨机第一道隔仓板算孔一般为 8mm；干法闭流磨机第一道隔仓板算孔要稍大些，达 10～12mm；湿法磨机由于料浆流动性较好，算孔要小些，规定为 6mm。其余各仓的算孔较第一仓可以适当放大。

隔仓板上所用算孔面积之和与其整个面积之比的百分数称为隔仓板的通孔率。在保证算板有足够机械强度条件下，应尽可能多开些孔。在生产时如发现不适时，可以堵塞部分算孔，首先堵塞外圈算孔，以进行调节。干法磨机的通孔率应不小于 7%～9%。

安装隔仓板时一定要使算孔大端朝向出料端，不可装反。

6.2.4 进料、卸料装置

磨机进料、卸料装置是磨机整体中的一个组成部分。物料和水（湿法磨）或气流（干法磨）通过进料装置进入磨内，通过卸料装置排出磨外。根据生产工艺要求，磨机的进、出料装置有不同的类型，主要的是通过磨机中空轴进出。

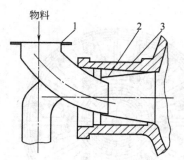

图 6-8　溜管进料装置

1—溜管；2—锥形套管；3—中空轴颈

（1）进料装置　进料装置大致有如下三种。

① 溜管进料装置。溜管进料装置如图 6-8 所示。物料经溜管（或称进料漏斗）进入位于磨机中空轴颈里面的锥形套管，沿着旋转的筒壁自行滑入磨机内。溜管断面呈椭圆形。由于物料靠自溜作用向前移动，所以溜管的倾角必须大于物料的休止角，才能确保物料的畅通。

此种进料装置的优点是结构简单，其缺点是喂料量较小，适用于中空轴颈的直径较大而其长度又较短的情况。

② 螺旋进料装置。螺旋进料装置如图 6-9 所示，空心轴颈内装有套筒，套筒内焊有螺旋叶片。当磨机旋转时，由进料漏斗进入装料接管的物料，在螺旋叶的推动下进入隔板中，并由隔板带起流入套筒中，进入套筒的物料在螺旋叶片的作用下被推入磨筒中。在进料漏斗和装料接管之间，装有毛毡密封圈以防止漏料。

③ 勺轮进料装置。勺轮进料装置如图 6-10 所示，物料由进料漏斗进入勺轮内，由勺轮轮叶提升，转由中心卸下进到锥形套管内，然后溜入磨内。由于锥形套可使物料有很大落差，所以在相同规格下，勺轮进料比溜管进料喂料量大。

为了保护进料漏斗底部不被物料磨损，底部呈直角形，使在此处堆积一些物料，用物料

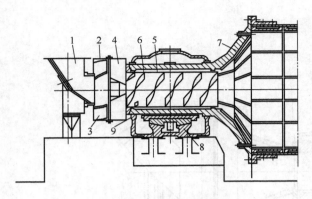
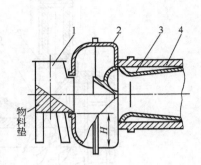

图 6-9 螺旋进料装置

1—进料漏斗；2—装料接管；3—螺旋叶；4—隔板；5—套筒；
6—螺旋叶片；7—磨头；8—球面轴承；9—毛毡密封圈

图 6-10 勺轮进料装置

1—进料漏斗；2—勺轮；3—锥形套管；4—中空轴

本身作防护层。

（2）卸料装置 卸料装置有多种形式，但工作原理基本相同。

① 中心传动磨机的卸料装置。中心传动磨机的卸料装置如图 6-11 所示，物料由尾仓通过卸料算板后，扬料板将物料提升并倒落到导料锥上，再滑落到空心轴内的锥形套筒内（也有采用螺旋套筒），从传动接管上的椭圆孔落到圆筒筛上。圆筒筛用螺栓固装在传动接管上一起旋转。细小物料通过筛孔，汇集于卸料罩底部漏斗卸出。未通过筛的难磨粗颗粒及粉磨介质残渣，沿筛面滑下从孔卸出。

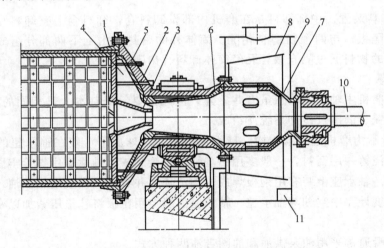

图 6-11 中心传动磨机的卸料装置

1—卸料算板；2—磨尾；3—导料锥；4—扬料板；5—螺栓；6—出料套筒；7—传动接管；
8—圆筒筛；9—卸料罩；10—传动轴；11—粗渣管

② 边缘传动磨机的卸料装置。边缘传动磨机的卸料装置如图 6-12 所示，卸料算板和磨头之间有扬料板，算板中部装有螺旋桨叶，扬料板将物料提升并撒落在桨叶上，通过桨叶和装在套筒里的螺旋桨叶将物料从空心轴中卸出，进入固定装在空心轴端面上的扩大管，落到圆筒筛上。卸料罩上的抽风管与抽风机和收尘系统联结。磨内排出的含尘气体和水汽经抽风管送至收尘系统，净化后排到大气中。

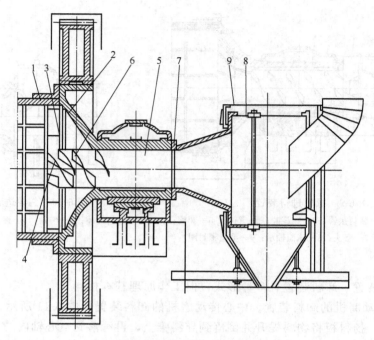

图 6-12　边缘传动磨机的卸料装置

1—卸料箅板；2—磨尾；3—扬料板；4—螺旋桨叶；5—中空轴；6—中空轴内桨叶；
7—扩大管；8—圆筒筛；9—卸料罩

　　③ 中部卸料装置。中部卸料是在磨机中部设卸料仓，卸料仓上有卸料孔，仓两端还分别安装有两层隔板，与两个粉磨仓相隔。筒体外的密封罩由上下两部分组成，底部为卸料斗。两粉磨仓的物料通过隔仓板箅孔经筒体卸料孔出磨。

6.2.5　主轴承

　　各种类型磨机主轴承的构造虽有些差异，但其主要部分基本上是相同的，都是由轴瓦、轴承座、轴承盖、润滑及冷却系统所组成。

　　图 6-13 所示为磨机主轴承结构。球面瓦的底面呈球面形，装在轴承座的凹面上。在球面瓦的内表面浇铸一层瓦衬，一般多用铅基轴承合金制成。轴承座用螺栓牢固地安装在磨机两端的基础上。轴承座上装有用钢板焊成的轴承盖，并有视孔供观察、供油。为了测量轴瓦温度，装有温度计。中空轴与轴承盖、轴承座的缝隙用压板将毡垫压紧加以密封，以防漏油漏料。

　　轴承的润滑通常采用油泵供油和油圈带油两种方式。

　　磨机主轴承在工作时，磨内的热物料及热气体（干法磨）不断向轴承传热，以及轴颈与轴承衬接触表面摩擦而产生热量，虽轴承表面同时也向周围空间散发热量，但不足以抵消前者。热量的累积导致轴承的温升。轴承衬的允许温度一般小于 70℃，如果轴承温度超过此值就要发生烧瓦，影响磨机的正常运转。因此，必须排走热量，降低温度。一般常用的方法是用水冷却，水直接引入轴瓦的内部，或间接冷却润滑油，或两种方法同时使用，直接引入轴瓦内部效果较明显。

6.2.6　传动装置

　　最早使用的磨机多用托轮传动。随着磨机规格的不断大型化，为了提高传动效率，磨机

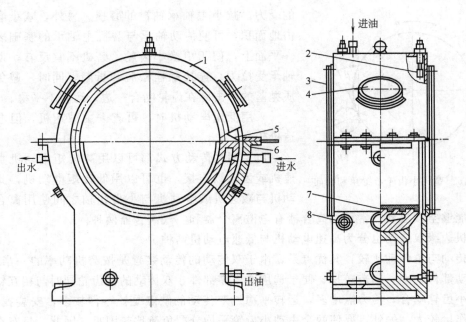

图 6-13　磨机主轴承结构

1—轴承盖；2—刮油板；3—压板；4—视孔；5—温度计；6—轴承座；7—球面瓦；8—油位孔

的传动一般采用有齿传动，传动形式主要有边缘传动和中心传动。

（1）边缘传动　边缘传动有边缘单传动和边缘双传动。边缘单传动分为采用高速电动机和低速电动机的边缘单传动。高速电动机边缘单传动的布置如图 6-14 所示。高速电动机驱动主减速机，再由小齿轮带动安装在磨机上的大齿轮。

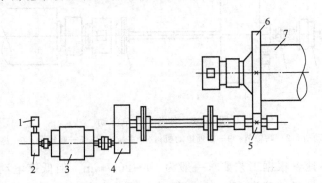

图 6-14　高速电动机边缘单传动的布置

1—辅助电动机；2—辅助减速机；3—高速电动机；4—主减速机；5—小齿轮；6—大齿轮；7—磨机筒体

对于大型磨机，在电动机的另一端还安装有辅助电动机和辅助减速器。磨机启动时，先开辅助传动系统，带动磨机缓慢转动，然后再启动主电动机，以减少主电动机的启动功率，同时使齿面预先很好地啮合，避免由于齿隙而产生冲击，具有保护齿轮的作用。另外，装填粉磨介质和检修更换零件，可以方便地把磨机转到需要的方位上。

边缘单传动的磨机小齿轮布置角和转向如图 6-15 所示，布置角 β 常取 $20°$ 左右，相当于齿形压力角。这时小齿轮的正压力 P_1 的方向垂直向上，使传动轴承受垂直向下的压力，对小齿轮轴承的连接螺栓和地脚螺栓的工作有利，运转平稳，同时，减小了磨机传动端主轴承

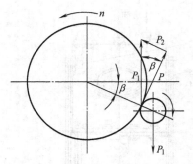

图 6-15　磨机小齿轮布置角和转向

的受力，减小主轴承轴衬的磨损。另外，减小磨机横向占地面积，可使传动轴承与磨机主轴承的基础表面在同一平面上，便于更换小齿轮。磨机不宜反转，以免传动轴承受拉力，连接螺栓松脱和折断，同时，避免粉磨介质抛落的冲击区在齿轮啮合一边，运转不平稳。

　　采用低速电动机时，可省去主减速机，但电动机的造价较高。

　　以上两种传动方式都可以用高转矩电动机直接与减速机或齿轮轴连接，也可以用低转矩电动机，此时在电动机与减速机或电动机与小齿轮轴之间使用离合器，使电动机能够空载启动，常用的离合器有电磁离合器和空气离合器两种。

　　磨机边缘双传动也分为高速电动机与低速电动机两种。

　　双传动与单传动比较，其优点是，由于双传动的传动装置是按磨机功率的一半设计的，因此传动部件较小，制造较易，便于选用通用零部件，双传动的大齿轮同时与相互错开节距的两个小齿轮啮合，传力点增多，运转平稳。双传动的缺点是：零件较多，安装找正较难，维修工作量较大。另外，要使两个主动小齿轮平均分配负荷比较困难。因此，只有在大功率磨机上，当采用单传动比较困难时，才考虑采用双传动方式。

　　（2）中心传动　磨机中心传动也分单传动和双传动两种。图 6-16 所示为磨机中心单传动，在中心传动中，如采用低转矩电动机，在电动机与减速机之间必须用离合器连接，否则就要用高转矩电动机。

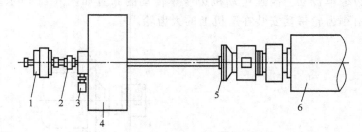

图 6-16　磨机中心单传动

1—主电动机；2—联轴节；3—辅助电动机；4—主减速机；5—联轴器；6—磨机筒体

　　大型球磨机的转速，根据工艺要求一般为 10～20r/min，但低速电动机生产难度大、投资大。通常选用的电动机转速为 650～990r/min，因此应配以适宜的减速机。

　　减速机从结构上分有行星式和平行轴式两种。平行轴式减速机体积大、效率较低，因而多采用行星式减速机，该减速机的优点有：结构紧凑、质量小，方便了运输和安装；齿轮在有效长度内为 100% 的啮合，所有轴承均为静压精密轴承，运转平稳，无需磨合，维修工作量小；对安装基础要求低，可与各种中心驱动球磨机配套。

　　边缘传动与中心传动相比较：边缘传动磨机的大齿轮直径较大，制造困难，占地大，但齿轮精度要求较低；中心传动磨机的大齿轮总质量较小，结构紧凑，占地小，但制造精度要求较高，对材质和热处理的要求也高，因此，一般中心传动较边缘传动的造价要高些；中心传动的机械效率一般为 0.92～0.94，边缘传动的机械效率一般为 0.86～0.90，对于大型磨机，由于机械效率的差异，电耗相差很大。

边缘传动的零部件分散，供油点和检查点多，操作及维修不便，磨损快，寿命短。小型磨机多数采用边缘传动，而大于 2500kW 的大型磨机则较多采用中心传动。对于更大型磨机，则采用双传动，或采用无齿轮由电动机直接传动的方式。

6.3 球磨机的工作参数

磨机（球磨机）的主要参数有磨机转速、粉磨介质装填量、生产能力及需用功率等。

6.3.1 磨机转速

（1）粉磨介质的运动状态 球磨机筒体的回转速度和磨机转速比对于粉磨物料的作用影响很大，当筒体具有不同转速和筒体内有不同的粉磨介质填充率时，粉磨介质的运动状态也不同（见图 6-17）。

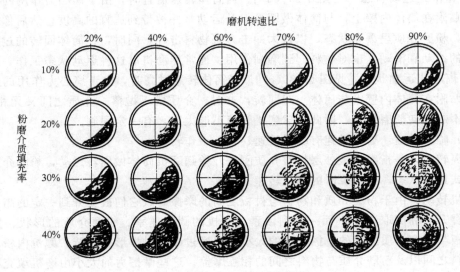

图 6-17 转速和填充率对研磨体的运动状态的影响

在磨内粉磨介质形成一个含有数层的床。当磨机转动时，内层与外层分离，如果磨机运转速度较高，粉磨介质填充率选择适当，粉磨介质就会形成"大瀑布"式运动，物体随粉磨介质被提升到一定高度，并在此期间受到挤压和剪切作用，但更主要的是受到冲击和撞击。在下落区域集中着落下粉磨介质的所有能量。这种冲击和撞击的粉碎作用对于磨机中相对较粗物料的初粉碎是尤其有效的。

若粉磨介质填充率相对较高，粉磨介质将以"小瀑布"形式运动，这种情况下，粉磨介质内层与外层分开，而外层返回到已分开的介质中，并向下运动。与"大瀑布"运动形式相比，"小瀑布"中粉磨介质向下运动时是流下或滚下，而不是落下。这样下落的能量并不集中，而是分布在较大范围上。由于这一原因，"小瀑布"运动不适合粗物料的粉碎，但对细粉磨非常有效。

粉磨介质的运动状态可归纳为以下三种基本情况。

① 泻落式运动状态［见图 6-18（a）］。当筒体转速低时，粉磨介质顺筒体旋转方向转一定的角度，当粉磨介质超过自然休止角后，则像雪崩似地泻落下来，这样不断地反复循环。粉磨介质被提升的高度不高，只有滚动和滑动，冲击作用小，这时物料主要是由于介质互相滑滚运动产生的磨剥作用而粉碎。

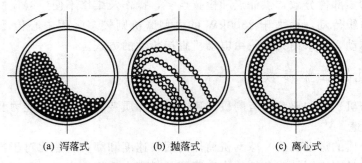

(a) 泻落式   (b) 抛落式   (c) 离心式

图 6-18　磨内研磨体的运动状态

② 抛落式运动状态 ［见图 6-18 （b）］。当筒体转速适宜时，由于离心力作用的影响，粉磨介质贴附在筒体内壁上，与筒体做圆弧上升运动，并被带到适宜的高度，然后像抛射体一样降落，粉磨介质呈瀑布状态，以最大冲击力将物料击碎，同时，在筒体回转的过程中，粉磨介质的滚动和滑动，也对物料起到磨剥作用。通常球磨机以这种运动状态工作。

③ 离心式运动状态 ［见图 6-18 （c）］。当筒体转速过高时，由于离心力作用的影响，粉磨介质贴附在筒体内壁上与筒体一起回转，这时，介质既不抛落，介质之间又无相对运动，对物料不起任何粉磨作用。因此，球磨机转速不能太高，有一定限制。

（2）临界转速　磨机转速有临界转速、实际工作转速。

临界转速，是指磨内最外层粉磨介质刚好开始随磨机筒体做周转运动，粉磨介质开始呈现离心式运动状态，这一瞬时的磨机转速。

磨机转动时由于粉磨介质和物料与衬板之间的摩擦导致它们被提升到一定的高度。粉磨介质被提升的高度取决于下面一系列因素：磨机的圆周速率；粉磨介质的形状、大小和质量；衬板与粉磨介质之间的摩擦，它的大小可以通过改变衬板形状调节；磨机内粉磨介质之间、物料之间以及粉磨介质与物料之间的相互摩擦。这些摩擦力的大小由磨机填充率、物料与粉磨介质的比例、物料的性质如湿含量、流动性等决定。

将这些因素进行定量描述并建立起精确的数学分析模型还不可能。为使粉磨介质之间关系简单化，仅考虑粉磨介质的行为。

粉磨介质受到离心力（由于磨机的转动）和重力的作用。在这两种力的共同作用下，粉磨介质将以半圆形轨迹运动，即只要重力的径向分力 $mg\cos\alpha$ 比离心力 $\dfrac{mv^2}{r}$ 小，就会紧贴磨机内壁上升。

当在磨机圆周的某一点重力的径向力变得比离心力大，钢球就会脱离内壁，落到磨机内。在这一过程中，它以抛物线轨迹运动，如图 6-19 所示。

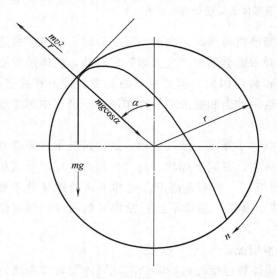

图 6-19　磨内研磨体的受力分析

图中　m——粉磨介质的质量，kg；

　　　　v——磨机的圆周速度，m/s；

r——磨机内径，m；

α——脱离角，也称分离角，(°)；

n——磨机转速，r/min；

g——重力加速度，$g=9.81\text{m/s}^2$。

假设粉磨介质不能在衬板上进行滑动和滚动，而是以与磨机壳同样的角速度进行运动，分离角可以依据下列平衡条件确定，即

$$mg\cos\alpha=\frac{mv^2}{r} \tag{6-1}$$

得

$$\cos\alpha=\frac{v^2}{gr} \tag{6-2}$$

而

$$v=\frac{2\pi rn}{60} \tag{6-3}$$

代入式（6-2）可得

$$\cos\alpha=1.118\times10^{-3}rn^2 \tag{6-4}$$

由式（6-4）可知钢球的脱离角α，或说钢球的上升高度与筒体的转速n和钢球的回转半径r有关，而与钢球的质量无关。

当回转半径r不变，增加筒体的转速n，$\cos\alpha$值增大，则α角变小，钢球被提升得高些；但当n增至一定值，$\cos\alpha$值最大为1时，$\alpha=0°$，则钢球在筒体内被提升到最大高度点，并随筒体一起回转，不再离开筒壁，产生这种现象的球磨机的最小转速称为临界转速。从理论上讲，粉磨介质达到临界转速，将不会落下而是随磨机一起转动，此时，$\cos\alpha=1$。这时磨机转速由特殊条件决定，即离心力和在圆周最高处的重力平衡为

$$\frac{mv^2}{r}=mg \tag{6-5}$$

结合式（6-3），得

$$n_0\approx\frac{29.91}{\sqrt{r_0}}=\frac{42.3}{\sqrt{D_0}} \tag{6-6}$$

式中　n_0——磨机的临界转速，r/min；

D_0——磨机筒体的有效直径，等于磨机内径减去两倍衬板厚度，m。

必须指出，导出上述公式时，只研究一个球，也没有考虑钢球沿着筒体回转方向的自转动能，实际上球磨机内有很多球，而上层球都是由下层球支撑。此外，球在球磨机回转时，还具有沿着筒体回转方向的自转动能，所以，实际问题是比较复杂的。虽然如此，当衬板是不平滑的，特别是当衬板具有凸棱或凹槽表面，以及球载填充率在$40\%\sim50\%$的情况，采用公式（6-6）来计算球磨机的临界转速是比较接近实际情况的，但是当球磨机的筒体内安装的是平滑衬板，粉磨介质填充率小于30%时，则用公式（6-6）计算的结果与实际不符，甚至相差很大。

从理论上讲，当磨机转速达到临界转速n_0时，粉磨介质将紧贴筒体做离心式状态运转，不能起任何粉磨作用。但实际上并非如此，因为还有粉磨介质滑动及粉磨物料对粉磨介质运动的影响等因素；另外，即使最外层粉磨介质紧贴筒壁，其余各层粉磨介质并非达到临界转

速，越接近磨体中心的粉磨介质层其临界转速越高。因此，球磨机的实际临界转速比上述的理论计算值更高一些。

（3）实际工作转速　磨机工作时，希望钢球处于抛落式工作状态，并且，钢球的落下高度 H（即抛物线轨迹上的最高点和落点之间的距离）最大，分析钢球的运动轨迹可知，落下高度 H 是钢球脱离角 α 的函数。若求 H 最大值，必须使 H 对 α 的一次导数 $\dfrac{\mathrm{d}H}{\mathrm{d}\alpha}$ 等于零。最后得到，此时 α 的值为：$\alpha = 54°40'$。

即当脱离角 $\alpha = 54°40'$ 时，就可保证钢球获得最大的落下高度，而使钢球具有最大的冲击力。

将 $\alpha = 54°40'$ 代入式（6-2）中，结合式（6-3），得到钢球在最大降落高度条件下球磨机的最适宜工作转速为

$$n_g = \frac{22.8}{\sqrt{r_0}} = \frac{32}{\sqrt{D_0}} \tag{6-7}$$

上式只是针对最外一层钢球而言的，在确定磨机的实际工作转速时，应考虑到磨机的规格、生产方式、衬板形式、粉磨介质种类、填充率、物料的物理化学性质、入磨物料的粒度、要求的粉磨细度等的影响，下面简要地分析这些因素的影响情况。

① 磨机直径。磨机直径越大，工作转速可相应低些。反之则应高些。对于相同球径的粉磨介质，磨机直径越大，它的粉碎功（即动能）也越大。

② 生产方式。在湿法生产中，由于水的润滑作用，从而降低了粉磨介质之间、粉磨介质与衬板之间的摩擦因数，产生较大的相对滑动。因此在相同的条件下湿法磨机应比干法的转速高 5% 左右。

磨机在圈流条件下操作时，由于磨内物料的流速加快，生产能力较高，因此圈流操作可比开流操作的磨机转速高些。

③ 衬板的表面形状。带有凸棱的衬板表面，能减少粉磨介质的相对滑动量，增加其提升高度，故其工作转速应比采用平滑形衬板时低些。

④ 粉磨介质的填充率和粉磨介质种类。磨机内粉磨介质的填充率越小，相对滑动越大，则转速应高些，反之则低些。

⑤ 物料性质、进料粒度和粉磨细度。粉磨小块软物料，要比在相同条件下粉磨大块硬物料时，转速可低些。粉磨粒度较细时，主要是研磨作用，而不是冲击粉碎，转速可低些。

能够比较全面地反映这些因素的影响，应通过实验来确定磨机的实际工作转速。根据生产中磨机运转的经验及有关统计资料确定磨机的实际工作转速，可按下列方法进行。

对于干法磨机的实际工作转速，当 $D > 2\mathrm{m}$ 时有

$$n_g = \frac{32}{\sqrt{D_0}} - 0.2D \tag{6-8}$$

当 $1.8 \leqslant D \leqslant 2\mathrm{m}$ 时有

$$n_g = n = \frac{32}{\sqrt{D_0}} \tag{6-9}$$

当 $D < 1.8\mathrm{m}$ 时有

$$n_g = n + (1\sim1.5) \qquad (6\text{-}10)$$

还有资料推荐

$$n_g = \frac{34}{D^{0.57}} \qquad (6\text{-}11)$$

式中　n_g——磨机的实际工作转速，r/min；

$\quad\quad D_0$——磨机筒体的有效内径，m；

$\quad\quad D$——磨机筒体的规格直径，m。

为了表示方便，通常把磨机的实际工作转速与临界转速的比值 $\lambda = \dfrac{n_g}{n_0}$ 称为磨机的转速率，即

$$\lambda = \frac{n_g}{n_0} = \frac{\dfrac{32}{\sqrt{D_0}}}{\dfrac{42}{\sqrt{D_0}}} = 0.76 \qquad (6\text{-}12)$$

也就是球磨机的实际工作转速大约为理论临界转速的 76%。

磨机的实际工作转速随着磨机规格的不同与理论适宜转速是有些差异的。一般进磨物料粒度相差不大，对于大直径的磨机没有必要将粉磨介质提升到具有最大降落高度，因为块状物料的粉磨过程中，在满足冲击粉碎的条件下还应加强对于细小物料的研磨作用，才能得到更好的粉磨效果。而对于小直径的磨机，应使粉磨介质具有必要的冲击力，故其实际工作转速比大磨机的略高。

6.3.2　粉磨介质的装填量和级配

物料在磨内被磨成细粉，是通过粉磨介质的冲击和研磨作用的结果，因此，粉磨介质的形状、大小、装填量和级配是球磨机的重要工作参数。能否正确选用粉磨介质，对磨机的粉磨细度、生产能力及单位产品能耗影响很大。

（1）粉磨介质的种类　粉磨介质也称研磨体，目前普遍使用的粉磨介质有钢球、钢段和钢棒三种。

钢球向物料冲击时，接触于一点，应力集中，使物料容易粉碎。大颗粒物料用冲击方式粉碎比较有效，故球形介质多用在粗磨机或管磨机的头几仓中。钢段彼此之间是线接触，接触面积较大，能够加强磨剥效应，所以宜用于细小物料的磨剥方式粉磨，例如用在细磨机或管磨机的最后一仓中。钢棒用于棒磨机或棒球磨机的头仓中。在湿法生料磨机第一仓采用圆柱钢棒作为研磨体，因钢棒较钢球的质量大得多，对于喂入磨内的大块物料作用力集中，容易使之粉碎。同时由于钢棒对物料是线接触，较钢球对物料点接触的冲击机会增多。所以，棒仓对喂入物料的粒度有很大的适应性，产品粒度均匀，粉碎效率高。但棒仓产品较粗，虽经以后球仓研磨体的研磨，棒球磨的产品仍较球磨的粗。但在不妨碍熟料烧成质量的前提下，棒球磨的产量较同规格的球磨提高 20% 左右，并且金属消耗量显著降低。

粉磨介质通常采用金属材料制成。如有特殊需要，也可采用非金属材料。实践表明，磨机的生产能力随着介质密度的增加成正比，故在条件许可的情况下，宜用密度较大的介质。

由于钢球工作时不断冲击和磨剥物料，故需用耐磨、坚硬而不碎裂的材料，常用合金钢或碳素钢。如用高碳钢或高铬钢铸造的钢球，耐磨性很高。

钢棒多用 45 圆钢截成。钢段的材料应是耐磨的，常用锰钢或铸铁，亦可使用硬质合金

钢，如镍合金钢和各种高铬铸铁。在生产陶瓷、玻璃或白水泥时，要采用砾石等非金属材料作粉磨介质。

（2）粉磨介质的装填量　球磨机内，介质的装填量可用填充率 φ 表示。填充率也被称为负荷百分率或磨机研磨体负荷。如果磨机静止时，筒体截面上介质的填充面积为 A，筒体的内半径为 R，则填充率 φ 为

$$\varphi = \frac{\alpha}{\pi R^2} \tag{6-13}$$

填充率也可以用磨机实际装入的介质质量与磨机完全装满时的介质质量之比来确定，即

$$\varphi = \frac{m}{\pi R^2 L \rho_s} \tag{6-14}$$

式中　　m——磨机装入介质的质量，t；

R——磨机的内半径，m；

L——磨机的有效长度，m；

ρ_s——介质的堆积密度，t/m³，对于钢球和钢段，$\rho_s = 4.5 \text{t/m}^3$。

确定了介质的填充率，就可算出介质的装填量。介质装填量的多少，对粉磨效率有很大影响。它不但直接影响着粉磨过程的冲击次数和研磨面积，而且还影响着介质本身的提升高度，即对物料的冲击力。装填量少，粉磨效率低，装填量过多，磨机运转时，内层介质易产生干扰，破坏了介质的正常运动，粉磨效率也要降低。

合理的填充率应与筒体转速和衬板提升力以及粉磨工艺特点相适应，才能得到较好的综合技术经济指标。适宜的填充率与磨机长径比有关，随长径比的减少而增大。对于短筒球磨机，介质的填充率一般为 0.4～0.5，这是由于介质最内层在实际上存在局部向下滑落现象的缘故。对于管磨机，由于筒体较长，介质的填充率可选小些，通常取 0.25～0.35。开流磨取低值，圈流磨取高值。

对于多仓磨各仓的填充率是不一样的。管磨机填充率的分配，一般从入料到出料逐仓依次递减成阶梯状，小型磨机由于长度小，不易达到产品细度要求，所以一般水泥磨后仓比前仓高 2%～3%，生料磨后仓比前仓高 1% 或两仓相等。对于一级闭路磨机的填充率，前仓可高于后仓，开路磨机则一般后仓高于前仓。安装双层隔仓板的磨机，在双层隔仓板后仓内研磨体装填表面可以较前仓高些。棒磨机的填充率可达 35%～45%，棒仓的填充率主要取决于后面各仓的粉磨能力的平衡。

（3）粉磨介质的级配　在粉磨过程中，不仅要考虑介质的装填量，还要考虑不同规格介质的配合使用，以提高粉磨效率。物料在粉磨过程中，一方面需用粉磨介质的冲击力量，将大块物料击碎，这就要求粉磨介质具有一定的质量。另一方面较小的物料需要粉磨介质的研磨作用才能进一步磨细。粉磨介质的研磨作用是靠粉磨介质的滚动和滑动产生的，接触面积越大研磨作用越强，这就要求研磨体尺寸小些、数量多些。

为了适应各种不同粒度物料的冲击和研磨作用的要求，增加冲击与研磨的机会，提高粉磨效率，实际生产中常采用不同尺寸的研磨体配合在一起装入磨内。

粉磨介质的级配原则应是：在能将物料粉碎的前提下，尽量选用尺寸小的介质，而且大小介质适当配合，使填充密度增大。这样，既能保证具有一定的冲击能力，又有一定的磨剥能力。

介质级配时应考虑物料性质、磨机规格及工艺要求等。粗粒和硬质物料，应选用较大的球，细粒和软脆性物料，可用较小的球。球在磨机中的冲击次数，随着球径的减小而增多，介质间的研磨间隙，随球径的减小而密集。因此，最好选用质量较大而直径较小的球为介质。要求粉磨产品越细，磨机筒体直径越大，小直径球所占比重越大。

球的大小主要取决于待磨物料的粒度。加入钢球的最大直径可用经验公式来估算，即

$$D_{max} = 28 \sqrt[3]{d_{max}} \qquad (6\text{-}15)$$

式中 D_{max}——加入钢球的最大直径，mm；

        d_{max}——入磨物料的最大粒径，mm。

目前球磨机使用的钢球尺寸多数为 $\phi 30 \sim 100$mm，一般级差为 10mm。棒的尺寸为 $\phi 50 \sim 75$mm，细磨仓钢段尺寸为 $\phi 16 \sim 25$mm；段的长径比为 $1.0 \sim 1.3$。一般单仓球磨机全部都用钢球，双仓磨机的头仓用钢球，后仓用钢段，三仓以上磨机一般前两仓装钢球，三仓或四仓装钢段。同一仓内的介质级配，常采用 $3 \sim 5$ 种不同直径的钢球，有的在细磨仓常采用 2 种不同尺寸的钢段配合在一起。棒球磨棒仓的钢棒也多为 $3 \sim 5$ 种不同直径配合。每一仓各级钢球的比例，一般是两头小中间大。前后两仓钢球的尺寸最好交叉一级，即前一仓最小尺寸钢球，是下一仓最大尺寸钢球。圈流磨机第一仓钢球尺寸比同规格开流磨机要大一些。各仓介质的级配，如果物料的硬度和粒度大，可增加大球百分比，反之可增加小球百分比。若成品要求较粗，钢段的尺寸可大些，反之则小些。表 6-1 列出了常用的研磨体尺寸。

表 6-1 常用的研磨体尺寸

磨机类型	仓 号	钢球直径/mm	钢段直径/mm	钢棒直径/mm
长磨或中长磨	1	60~100		
	2	30~60		
	3		16~25	
短磨	(一级磨)	60~100		
	(二级磨)	30~60		
湿法棒球磨	1	—	—	50~70
	2	30~50	—	—
	3	<30	或<30	—

各仓钢球的级配情况，常用平均球径表示。它是分析球仓工作能力好坏的主要因素之一。

钢球配合的平均球径按下式计算，即

$$D = \frac{D_1 G_1 T_1 + D_2 G_2 T_2 + D_3 G_3 T_3 + \cdots}{G_1 T_1 + G_2 T_2 + G_3 T_3 + \cdots} \qquad (6\text{-}16)$$

式中 D——钢球配合平均球径，mm；

D_1，D_2，D_3——各类型球径，mm；

  G_1，G_2，G_3——直径为 D_1、D_2、D_3 钢球的质量，t；

  T_1，T_2，T_3——直径为 D_1、D_2、D_3 钢球每吨的个数。

平均球径也可用下面的简便式计算，即

$$D = \frac{D_1 G_1 + D_2 G_2 + D_3 G_3 + \cdots}{G_1 + G_2 + G_3 + \cdots} \qquad (6\text{-}17)$$

式中符号意义同上式。

合理平均球径与物料性质、粉磨流程、磨机结构、细度要求等有关。在初配球时，可参照类似情况的平均球径配合，以后不断调整平均球径，以达到最佳的配球方案。

开路粉磨，粉磨细度要求较细时，平均球径应小些，即应多装些小球和钢段，以加强研磨作用，使物料充分磨细；若产量要求高，但细度放宽要求时，则平均球径应大些。

闭路粉磨时，第一仓平均球径可比同规格开路磨的小些，一般相差10mm。这是因为粗粉回磨，与第一仓物料平均粒度降低相适应的。

表6-2列出入磨物料平均粒径与钢球平均球径的关系，可供配球参考。

表 6-2　入磨物料平均粒径与钢球平均球径关系

物料平均粒径/mm	钢球平均球径/mm	物料平均粒径/mm	钢球平均球径/mm
0.075~0.10	12.5	2.4~3.3	40.0
0.15~0.20	16.0	4.7~6.7	49.0
0.3~0.42	20.0	6.7~9.5	57.0
0.6~0.8	25.0	13.0~19.0	70.0
1.2~1.7	31.0	27.0~38.0	89.0

磨机中物料与研磨体的比例也是影响粉磨效果的重要因素。如果物料的比例太低，研磨体之间的撞击就很频繁，以致不能粉磨物料，即无粉磨过程。另一方面，磨机中物料过多，研磨体的许多撞击能将被厚厚的料床吸收、分散，也不能获得粉磨效果。

生产经验表明达到最好的粉磨效果是当磨机静止时，在磨机的有效长度上，物料的最高层与研磨体的最高层不相互掩埋。为了获得这种条件，必须是随着物料被粉磨后细度增加，松散体积也增加，物料在磨机径向上的运动速度也应增加。这由物料磨细后流动性增加而获得。

物料满足磨机连续作业的高度受研磨体级配的控制。当研磨体尺寸较大时，物料的高度降低，并且在磨内停留时间缩短；研磨体较小时，情况则相反。在实际生产中，应寻找在最大产量下达到要求产品粒度的操作点。

在湿法粉磨过程中，物料的运动主要由料浆的流动速度、水分以及颗粒的细度控制。通过适当调节水分，物料就会按颗粒尺寸在磨机中进行分配。这对粉磨是有利的，因为已被足够粉磨的颗粒不会受到进一步的粉磨作用。

（4）粉磨介质的调整及补充

① 粉磨介质的调整。粉磨介质的装填与配合是否适宜，应通过生产实践来检验。检验的方法有计算磨机产量、听磨声、检查磨内物料量、检验产品细度和绘制筛余曲线等。

当磨机出现产量低及产品细度粗时，说明介质装填量不足或磨耗大，此时须添加介质。有时磨机产量很高，但产品较粗，这可能由于磨内介质的冲击力过强、磨剥能力不足、料流快所致。这时应适当减少大球，增加小球和钢段，从而增加磨剥能力。如果磨机出现产量低及产品细度细，可能是大球太少、小球过多、填充率太大，致使冲击作用减弱，这时应适当增加大球、减少小球及填充率。

若球仓钢球冲击声强，说明破碎能力大，细磨仓的声音弱而发闷，说明磨剥能力不足，此时应减小球仓的填充率或减小钢球平均球径。反之，则应当提高其填充率或加大平均球径。

磨机正常运转情况下，钢球以露出半个球于料面外为宜。若钢球外露太多，说明球径过大，装填量过多，反之，则说明球径过小，装填量不足。在细磨仓中，介质上应覆盖10～20mm的薄料层为宜。若存料过厚，说明介质装填量不足，反之说明装填量过多。

磨内介质的级配是否合理，还可用筛析曲线来检查。在磨机正常运转情况下，同时停磨和停料，打开磨门入内取样。从进料端开始沿磨长每隔0.5m为一取样点，而磨头、隔仓板则为必须取样点。在每一取样点截面上又取3～5个试样，其中两边衬板处为必须取样点。将每个取样点所取的试样混合均匀，并编好仓号和点的记号，即作为该取样点的平均试样。然后将各试样分别在0.08mm及0.20mm方孔筛上进行筛析，得到各取样点的筛余百分数。以筛余百分数为纵坐标，沿筒体长度各取样点的距离为横坐标，作出筛析曲线，根据筛析曲线斜率的变化来分析介质的级配和调整是否合理。

介质级配合理、操作良好的磨机，其筛析曲线的变化应当是，在第一仓内，表示粗粒变化的曲线应当急剧下降，第三仓内曲线已逼近横坐标轴，斜度无变化，表示细粒变化的曲线还是继续下降，达到要求细度。这样，第一、第二仓就能起到预磨作用，第三仓起着细磨作用。各个仓都能发挥最大的效用，使磨机生产能力提高。如果曲线中出现斜度不大或有较长的一段接近水平线，则表明磨机的操作情况不良，物料在这一段较长距离过程中细度变化不大。其原因可能是由于介质的级配、装填量和平均球径大小等不恰当，也可能由于磨机各仓的长度比例不当，而造成前后仓粉磨能力不平衡。这时就应根据线段出现的水平位置，调整磨内相应各段介质的数量与级配。若调整后效果仍不显著，则应适当改变仓的长度。

② 粉磨介质的补充。磨机在运转过程中，介质会逐渐磨耗，因而改变了原来的装填量和级配，如不及时添加新的介质，就会降低粉磨效率。常用的添补介质的方法有如下几种。

a. 根据磨机产量和介质消耗量添补。分别计算出球和段的单位产量的介质消耗量，补球时，根据过去某一阶段生产的产品吨数乘以单位产品的介质消耗量，就可得出每一仓该补充的介质量。

b. 根据磨机主电动机的电流表读数降低情况添补。每次添补介质的前后，都应记录电流表读数，以便算出增添每吨介质所升高电流的数值。在介质调整后，磨机运转正常时，记下电流表读数，作为电动机负荷的标准值。磨机运转一段时间后，由于介质的磨损而减轻了电动机的负荷。补充介质质量应使电动机电流达到原来的基准负荷值为止。

c. 根据磨内介质面降低添补。磨机内介质填充率与磨机中心至介质表面的距离和磨内球面高度的几何关系，测出磨机中心至介质表面的距离和磨内球面高度，便可算出磨机内介质填充率，从而可确定该仓介质需要添补的数量。

6.3.3 球磨机的功率

研究球磨机功率计算的目的是为了能够正确地选择电动机的规格，选择或设计减速装置以及对球磨机筒体进行强度计算等提供依据。

驱动球磨机的电动机功率，主要消耗在两个方面：一是用来提升介质及物料，并使之具有一定速度抛射出去，这部分能量主要用于粉碎物料，二是用于克服轴承及传动装置的机械摩擦上。

介质起先随同筒体一起上升到一定的高度，这部分介质的重力在与磨机旋转相反的方向上形成一反作用力。要使磨机运转，将介质带起并抛出，就必须克服此反作用力对于磨机的旋转中心所形成的力矩。

(1) 德国 C. Mittag，E. C. Blance 式 驱动磨机所需功率可以通过下列关系确定（见图6-20），即

$$功率＝转矩×角速度$$

当磨机运转时，磨机中的研磨体和物料形成不规则的非对称体。它的重心离开磨机断面垂直中心线有一段距离 a，因而转矩等于研磨体的重力 G 与距离 a 的乘积，即 $M=Ga$。

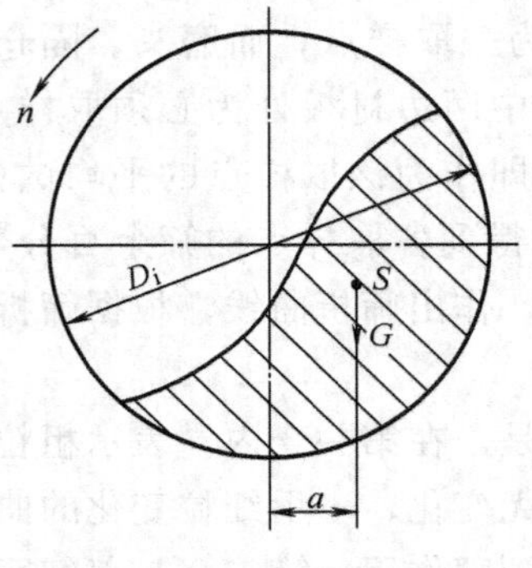

相对于转动的磨机壳，重心 S 不动，故有角速度 $\dfrac{2\pi n}{60}$。

由功率＝转矩×角速度，可得

$$N=\frac{Ga}{102}\times\frac{2\pi n}{60} \tag{6-18}$$

图 6-20　确定磨机驱动
功率的几何关系

式中　N——功率，kW；

　　　G——研磨体质量，t；

　　　a——重心与垂直中心线的距离，m；

　　　n——磨机的转速，r/min。

式（6-18）中 a 是非已知量。通过简化，可以假设对于具有可比负载百分率和转动速度的所有磨机中，a 与磨机内径之间有一恒定的比例，可以写成

$$a=XD_i \tag{6-19}$$

式中　X——比例系数；

　　　D_i——磨机内径，m。

将式（6-19）代入式（6-18）可得

$$N=\frac{GXD_i}{102}\times\frac{2\pi n}{60} \tag{6-20}$$

引入功率因子

$$C=\frac{2\pi X}{102\times 60} \tag{6-21}$$

可将式（6-20）简化成

$$N=GD_i nC \tag{6-22}$$

应该指出的是，该计算是假设在具有可比负荷率所有磨机中，距离 a 与磨机内径间有恒定的比值，而没有考虑到其他影响，如磨机研磨体提升高度和间距 a 大小的因素，这些因素包括衬板的形式、研磨体的大小、填充量及物料的特性等。

功率因子 C 的值必须由经验确定，可是它们在使用的研磨体大小上下限之间显示出大范围的离散，应用这种功率因子计算功率值不够准确。另外，用这种方法计算的磨机功率消耗没有考虑电动机的效率，因而只能作为一估计值。考虑到电动机的效率，功率消耗还必须增加 4%。

（2）美国 Bond 公式　美国 Bond 公式为

$$N_B=1.26G\{D_i^{0.4}n_{0p}(6.16-5.75\varphi)-0.1\times 2[10(n_{0p}-0.6)-1]\} \tag{6-23}$$

式中　N_B——磨机轴功率，kW；

G——研磨体质量，t；

D_i——磨机有效内径；

n_{0p}——临界转速分数，%；

φ——填充率，%。

选电动机时乘以 1.10～1.15 备用系数。

（3）原苏联 TOBOPaB 式　原苏联 TOBOPaB 式为

$$N_0 = 0.20 V_i D_i n \left(\frac{G}{V_i} \right)^{0.8} \tag{6-24}$$

$$N = K_1 N_0 \tag{6-25}$$

式中　N_0——磨机理论功率（可以理解为提升钢球需要功率），kW；

N——磨机轴功率，kW；

V_i——磨机有效容积，m³；

D_i——磨机有效内径，m；

G——研磨体质量，t；

n——磨机转速，r/min；

K_1——系数，干法 1.3，湿法 1.2。

选用电动机时乘以 1.0～1.10 备用系数。

（4）经验公式　磨机功率的计算还可通过一些更为简单的经验公式计算。

球磨机在其转速恰当、研磨体装填量适度的情况下，需要的大致功率可以用下列经验公式算出，即

$$N = 9.325 G \tag{6-26}$$

式中　N——粉磨所需的功率，kW；

G——研磨体质量，t。

运用 Blanc 式可以得到较为准确的结果，即

$$N = 0.746 CG \sqrt{D} \tag{6-27}$$

式中　N——磨机需要的功率，kW；

C——磨机装填量的有关系数，见表 6-3；

G——研磨体质量，t；

D——磨机内径，m。

表 6-3　磨机装填量的有关系数 C 值

研磨体	填充率				
	0.1	0.2	0.3	0.4	0.5
＞60mm 的大钢球	11.9	11.0	9.9	8.5	7.0
＜60mm 的小钢球	11.5	10.6	9.5	8.2	6.8
钢段	11.1	10.2	9.2	8.0	6.0
钢研磨体平均数	11.5	10.6	9.53	8.23	6.8

6.3.4　球磨机的产量

影响球磨机产量的因素很多，常用经验公式来计算磨机产量，相同条件下不同磨机的生

产能力和粉磨介质具有的功率成正比。

$$Q = Nq \tag{6-28}$$

式中　Q——磨机产量，t/h；

　　　N——磨机的有用功率，kW；

　　　q——单位功率单位时间产量，t/(kW·h)。

磨机的有用功率可以用式（6-24）计算，$N_0 = 0.20V_i D_i n \left(\dfrac{G}{V_i} \right)^{0.8}$。

磨机的产量受到磨机的生产流程、入磨物料的粒度、易碎性和粉磨细度的影响。式（6-28）应乘以流程系数 η_c、易碎系数 K_M、粒度系数 K_d 和细度系数 K_c 进行校正。

当入磨物料粒度发生变化时，磨机的产量也随之发生变化，粒度系数的计算如下，即

$$K_d = \frac{Q_1}{Q_2} = \left(\frac{d_2}{d_1} \right)^x \tag{6-29}$$

式中　d_1——当产量为 Q_1 时的入磨物料粒度，以80%通过的筛孔孔径表示；

　　　d_2——当产量为 Q_2 时的入磨物料粒度，以80%通过的筛孔孔径表示；

　　　x——与物料性质、成品细度、粉磨条件等有关的指数，通过实验确定。

x 的变化范围较大，一般在 0.1～0.25 之间。对于水泥磨，尤其是对于粗磨能力较大的大直径圈流磨机，或是软质物料如石膏、粉砂岩、页岩等，入磨物料的变化对产量影响较小，x 可取低值；对于棒球磨机，由于钢棒的粉磨能力较强，故 x 亦可取低值；对于水泥生料开流长磨，或是硬质物料如石灰石、熟料、砂岩等，入磨粒度对产量影响较大，故 x 可取高值。

当粉磨产品的细度变化时，磨机的产量亦发生变化，可按下式算出细度系数，即

$$K_c = \left(\lg \frac{R_0}{R} \right)^{-\frac{1}{m}} \tag{6-30}$$

式中　R_0——入磨物料细度，以某一尺寸筛余表示，%；

　　　R——出磨产品细度，以同一筛的筛余表示，%；

　　　m——指数，与物料性质和粉磨条件有关，可通过实验求出，一般为 0.8～1.2。

对于开流长磨，$m=1$；对于圈流磨机，出磨物料细度对产量影响较小，m 应取大于1；对于棒球磨机，出磨细度对产量影响较大，m 应取小于1。若设进磨物料细度在 0.08mm 方孔筛的筛余为 100%，取 $m=1$，则

$$K_c = \left(\lg \frac{100}{R} \right)^{-1} \tag{6-31}$$

根据上式可算出不同细度的细度系数值。

于是，球磨机的生产能力为

$$Q = 0.20V_i D_i n \left(\frac{G}{V_i} \right)^{0.8} q \eta_c K_M K_d K_c \tag{6-32}$$

式中　V_i——磨机有效容积，m³；

　　　D_i——磨机有效内径，m；

　　　n——磨机转速，r/min；

G——粉磨介质装填量，t；

q——单位电耗的产量，kg/(kW·h)，见表 6-4；

η_c——流程系数，开流流程 $\eta_c=1.0$；圈流流程 $\eta_c=1.15\sim1.5$；

K_M——易碎系数，见表 6-4；

K_d——粒度系数；

K_c——细度系数。

表 6-4　单位电耗的产量及物料的易碎系数

物料名称		单位电耗产量 $q/\text{kg}\cdot(\text{kW}\cdot\text{h})^{-1}$		易碎系数 K_M
		湿 磨	干 磨	
回转窑水泥熟料	易磨		44	1.1
	中等		40	1.0
	难磨		32～36	0.8～0.9
石灰石与黏土水泥生料	易磨	100～150	80～100	
	中等	70～90	70～80	1.2～1.8
	难磨	50～70	50～60	
立窑水泥热料			40	1.12
煤				0.7～1.34
石英砂			30	0.6～0.7

6.4　间歇式湿法球磨机

装入间歇式湿法球磨机的物料一般都小于 1mm，且要求粉磨后的物料绝大多数能通过 0.06mm 的筛子。对于这样细度的物料，磨机主要应以磨剥方式工作。同时，磨机的水量应加以控制。适当的水量可使料粒成为一薄层黏附在介质上，当介质滚动时，就能将这层物料磨碎。水量过多过少都不适宜。过少时，介质就被物料粘连起来，结成一整块，不能滚动。过多时，又会使物料从介质表面上流下，结果介质滚动时就作用不到物料。这两种情况都会导致生产能力的下降。

转速也是影响磨机工作的一个重要因素，转速过高，介质做抛落方式运动是不大合理的。因为当磨机中有多量的水存在时，介质落在水面上，不能对物料产生冲击作用。即使水量不多，物料也是成泥浆状的，使介质的冲击效应大为削弱。

介质的大小和装填量也应加以注意。由于这种磨机主要以磨剥方式工作，故应该选用表面积较大的介质。

正因为这种磨机工作上有其特点，故不能使用一般的球磨机公式进行计算，而多是采用从工厂实践中总结出来的经验公式。

6.4.1　磨机转速

实际使用的球磨机，受到物料的性质和装填量、介质的装填量及级配、料球水的配比、衬板形状等因素的影响，其工作转速波动范围较大。湿法间歇磨机的转速要比干法磨机高些，转速率一般在 0.75～0.85 之间。加水量多时，转速应取高些，采用橡胶衬板的磨机，转速应取低些。考虑到介质的滑动，间歇式湿法球磨机的工作转速应按下式计算。

磨机内径 $D_0<1.25\text{m}$ 时

$$n_g=\frac{40}{\sqrt{D_0}}$$

(6-33)

磨机内径 $D_0 > 1.25\text{m}$ 时

$$n_\text{g} = \frac{35}{\sqrt{D_0}} \tag{6-34}$$

6.4.2 粉磨介质的级配和装填量

(1) 粉磨介质的级配　在间歇式以磨剥方式工作的湿法球磨机中，在介质表面上粘有一层料浆，造成了有利于磨剥的条件。因此，应选用尺寸较小的介质，以增加磨剥表面，使粉磨更加有效进行。通常装入磨机的介质（瓷球或砾石）的直径都小于 60mm，但大于 25mm。介质的直径可按筒体的直径来确定，即

$$d = 1.2\sqrt{D} \tag{6-35}$$

式中　D——筒体外径，mm。

同一台磨机内，装入介质的大小一般有 3～5 级，搭配量一般是两头大、中间小，具体按生产实践来确定。

介质的密度大，粉磨效率高。但考虑到物料的污染，对某些特殊原料的粉磨，粉磨介质只好选用成分与物料相同或相近的材料，如瓷球、砾石等。瓷球虽较洁净，不至于将陶瓷坯料污染，但磨损较大。砾石的机械强度较好，不易磨损，所含氧化铁量不大时，对陶瓷坯料无大影响，故较常采用。

(2) 粉磨介质的装填量　在湿法磨机内，除了装有介质和物料外，还要加入一定数量的水。介质、物料及水的装填比例按工艺要求优选确定。综合工厂实践的经验数据，磨机内装载物符合下述规定时，生产能力为较大。

对于日用瓷坯料　$\dfrac{\text{介质质量}}{\text{物料质量}} = 1.6 \sim 1.7$；$\dfrac{\text{水质量}}{\text{物料质量}} = 0.5 \sim 0.6$

对于电瓷坯料则为

$$\frac{\text{介质质量}}{\text{物料质量}} = \frac{1.0}{1.6}；\frac{\text{水质量}}{\text{物料质量}} = 1$$

实际上，在一般陶瓷厂中，介质、物料及水的质量比均采用 1：1：0.85 之值。

装入介质的质量可用下式算出，即

$$m_\text{介} = (0.45 \sim 0.55) V_0 \tag{6-36}$$

式中　V_0——筒体的有效容积，m^3。

6.4.3 生产能力

间歇式球磨机的生产能力决定于在磨机的每一操作周期内所获得的达到一定细度的物料量，可按下式计算，即

$$Q = K\frac{m}{t} \tag{6-37}$$

式中　m——每次装入物料量，t；

　　t——每次粉磨周期的时间，h，包括装卸时间、粉磨时间和其他各种辅助时间；

　　K——考虑到各种损失的系数，$K < 1$。

陶瓷泥浆的要求细度通常是在 0.06mm 筛上的筛余在 0.5%～2% 之间。磨机在刚开始

操作时，粉磨过程进行得较为迅速，然后逐渐减慢，最后甚至完全停顿下来。在制备陶瓷泥浆时，物料通常在磨内经历约 9000 转的粉磨之后即可达到要求的细度。

因磨机的直径不同，工作时间约为 6～10h。制备釉浆时，物料要在磨内经历 60000～70000 转的粉磨。粉磨石英和长石时，磨机的生产能力可按下式来估算，即

$$Q=55(V_0+1) \tag{6-38}$$

式中　V_0——筒体的有效容积，m^3。

6.4.4 功率

间歇式湿法球磨机的功率消耗可按下式来计算，即

$$N=Cm\sqrt{D} \tag{6-39}$$

式中　m——筒体装载物料量，t；

　　　D——筒体直径，m；

　　　C——系数，与介质装填量有关，见表 6-5。

表 6-5　各种装填量的 C 值

介质填充率 φ	0.1	0.2	0.3	0.4	0.5
C 值	9.8	9.0	8.3	7.0	5.8

也可采用经验公式估算，即

$$N=\frac{m\sqrt{D}n}{27.2} \tag{6-40}$$

式中　m——磨机内介质、物料和水的总共装填量，t；

　　　D——磨机筒体外径，m；

　　　n——磨机转速，r/min。

在实际操作中，应尽量使磨机在满载条件下工作。

6.5　提高磨机产量的措施

6.5.1　提高磨机产量的措施

提高磨机产量不仅能满足对产品的需求，更重要的是能降低单位产品的电耗，降低生产成本，提高经济效益。提高磨机产量的措施很多，常见的如下。

（1）入磨物料的物理化学性质

① 降低入磨物料的粒度。入磨物料的粒度对产量的影响是明显的。因入磨物料粒度小，就可减小钢球直径，在钢球装载量相同时，使钢球个数增多，钢球的总表面积增大，因而就增大了钢球对物料的粉磨效果。

减小入磨物料粒度，不但提高了磨机的产量，而且降低了单位产品的电耗。因为，据统计破碎机电能的有效利用率约 30％左右，而球磨机只有 2％～7％左右。但入磨物料粒度不宜过小，因随着破碎产品粒度的减小，破碎单位产品所消耗的功率在增长，如小于 6mm 时反而不经济了。

为减小入磨物料粒度，有时就要增加破碎机，其总的经济效果是否有利，应根据破碎设备及生产条件综合考虑确定。

② 增加入磨物料的易磨性。物料的易磨性是物料本身的一种性质，表示粉磨的难易程度。易磨性的大小是用易磨性系数来表示的。物料的易磨性系数大表示容易磨细，易磨性系数小则表示难磨。

相对易磨性系数是物料单位功率产量与标准物料单位功率产量的比值。所用标准物料有湿法回转窑水泥熟料。

易磨性系数的大小与物料的结构有很大关系。所以即使是同一类物料，它的易磨性系数也可能不一样。例如结构致密的石灰石，易磨性系数小，结构疏松的，易磨性系数大。熟料的易磨性与各矿物组成的含量以及冷却速度有很大关系。水泥熟料中硅酸三钙的含量较多，冷却得快，质地较脆，易磨性系数就大，如果硅酸二钙和铁铝酸四钙含量多，冷却慢，或者因过烧结成大块，则这种熟料的韧性大，较致密，易磨性系数就小，因而难磨。

同样，刚刚出炉的熔融高炉矿渣很快就进行急冷处理，疏松多孔，颗粒细小，相对易磨性系数大，约为 1.2～1.3；如果温度已明显降低才去水淬的矿渣，结晶颗粒致密，相对易磨性系数比较小，约在 0.7～0.9 之间。

因此，在可能条件下应尽量选用易磨性大的原料，如在水泥生产中，生产硅酸三钙含量适当高一点而且冷却快的熟料，出窑熟料应经过适当的储存期，并使熟料中的游离氧化钙吸水变为氢氧化钙，在这一转变过程中体积膨胀，可改善熟料的易磨性。

③ 降低入磨物料温度。入磨物料温度对磨机的产量、质量和操作等带来较明显的影响。

入磨物料温度高，物料本身的热量带入磨内，以及磨机在运转时研磨体的大部分机械能将转变为热能，致使磨内温度很高，而物料的易磨性随温度的升高而降低。磨内细度较高的区域，由于撞击与研磨，使细颗粒带有一定的电荷互相吸引，即"静电效应"，引起磨内物料的最小颗粒黏成团，并黏附在研磨体和衬板上，明显地妨碍粉磨过程的进行；温度越高，这种现象越严重；磨得越细，温度的影响就越明显。

④ 控制入磨物料水分。干法粉磨时，入磨物料水分对磨机的产量和操作影响较大，如入磨物料水分过大，由于磨内热量作用使水分蒸发，磨内气体湿含量增大，因而，细颗粒物料黏在研磨体和衬板上，形成"物料垫"，使粉磨效率显著下降。严重时还会造成堵塞隔仓板和出料算板，出现"堵塞"、"饱磨"现象。如果处理不及时，甚至还会造成坚固的"磨内圈"，被迫停磨清理。

适当含量的水分，其蒸发时可以带走部分磨内的热量，能降低入磨物料温度，有利于粉磨作业。

入磨物料平均水分一般控制在 1%～1.5% 为宜。

（2）控制粉磨产品的细度　粉磨产品越细，磨机的产量越低；反之，则越高。根据产品的要求，合理确定产品的细度。

当产品细度为 0.08mm 方孔筛筛余 10% 时，其细度系数 1.0，故称此时的细度为标准细度。

当产品细度从 0.08mm 方孔筛筛余 8% 放宽到 12%，产量可增加 12%。

（3）设备及研磨体的影响

① 设备的规格。磨机的直径越大，筒体越长，产量越高，产品的细度也易达到要求。实践证明：磨机的产量随直径的增加幅度比随长度增加的幅度要大得多，而功率消耗增加的幅度相应地要小一些。因此，磨机在向大直径、缩小 L/D 的方向发展。

② 设备的内部结构。设备的内部结构主要是指衬板、隔仓板的影响。

衬板具有调整各仓研磨体的运动状态的功能，使研磨体的运动状态与粉磨过程中物料粒度的变化相适应，选择衬板的形式要考虑粉磨物料的性质、磨机的规格、磨机的转速以及研磨体形状等因素的影响。隔仓板可以起到平衡各仓粉磨能力的作用，隔仓板的结构形式、箅孔的有效断面及隔仓板的安装位置（即各仓的长径比），都应符合粉磨过程的要求。

在设计确定磨机转速时，应考虑到磨机的规格、操作方法、粉磨物料性质等，并把粉碎仓和细磨仓对研磨体的运动状态的要求统一起来。磨机转速确定是否完全符合具体情况，也会影响到磨机的产量。

当衬板、隔仓板设计得不够合理时可以调整，而磨机转速一经制造安装之后则不易改变。

③ 研磨体。欲磨物料在磨机内被磨成细粉，是通过研磨体的冲击和研磨作用的结果，因此，研磨体的形状、大小、装填量、配合与补充等，对磨机产量的影响是很明显的。

（4）干法磨机通风　干法磨机通风是靠排风机的作用抽出磨内含尘气体，经收尘器分离，分离后的气体排入大气。

干法磨机进行磨内通风，可冷却磨内物料，改善物料的易磨性；及时排出磨内的水蒸气，降低"糊球"和箅板堵塞现象；增加极细物料在磨内的流速，使其及时卸出磨机，减少细粉的"缓冲垫层"作用。这些都可改善粉磨条件，提高粉磨效率，因而提高粉磨产品的产量。

在采用开路长磨粉磨高细度物料或入磨物料含水量较大时，通风尤为重要。磨机通风后一般可提高产量 5%～15%。

（5）使用助磨剂　在粉磨过程中，加入少量的外加剂，可消除细粉黏附和聚集现象，它能加速物料粉磨过程，提高粉磨效率，降低单位粉磨电耗，提高产量，起到帮助粉磨作用。这类外加剂统称为"助磨剂"。

中国常用的助磨剂有煤、焦炭、粉煤灰、木质纤维、石油酸钠皂、三乙醇胺、醋酸三乙醇胺、乙二醇、丙二醇等都可作为助磨剂，效果也是很明显的。但它们的成本较高，这就要进行经济核算。有时可能影响产品的其他性能，必须加以注意。对于一定的粉磨条件，用哪种助磨剂最好，需要通过工业性实验才能确定。

助磨剂加速粉磨的机理，比较多的看法认为助磨剂是具有较大吸附能力的一类物质。分为离子型（极性）和非离子型（非极性）两大类。由于它们具有较大的吸附能力，比较容易吸附在研磨体、衬板、物料颗粒以及物料颗粒裂缝之表面，形成了一层"包裹薄膜"。它具有如下几种作用。

① 料粉不易黏附在研磨体、衬板的表面，有效地减弱或防止了"包球"和"缓冲垫层"的作用。

② 极性助磨剂如有机物，吸附于物料表面，使表面张力减小，表面层变软，易被粉磨。

③ 非极性助磨剂如焦炭、煤，构成的物料颗粒表面的"包裹薄膜"，妨碍了物料互相吸引，削弱聚合作用。

④ 物料微粒裂缝表面的"包裹薄膜"，减弱了分子引力所引起的"愈合作用"，帮助了在外界做功时颗粒裂缝之扩展。

（6）提高对磨机的操作和管理水平

① 均匀合理的喂料量。喂料量增多，磨内物料面增高，物料在磨内停留时间减少，产量虽有提高，但产品粗、质量差。若喂料量过多将导致"饱磨"，磨内料球比太小，研磨体

对物料粉碎作用严重减弱。若喂料量太少，产量不高，由于研磨体互相碰撞，以及撞击衬板使金属消耗与单位产品电耗增大。因此，适宜地均匀喂料，保证磨机均衡操作，是提高产量的重要措施。

② 操作技术与生产管理对磨机产量的影响。先进的完善的操作方法，熟练的能密切配合的操作技术工人队伍，合理的定期检查和维护检修制度，储备必要的机电配件，完善的质量管理制度，主辅设备生产能力的平衡，新技术和先进经验措施的采用等，都有利于提高磨机的产量。

6.5.2 磨机的操作

(1) 磨机系统的开停车操作　对于各种磨机系统的操作控制，因干法开、闭路系统和湿法开、闭路系统的差异而有所不同，但其基本要点是一致的。归纳起来，分为开车前的准备和检查、开停车顺序、紧急停磨条件和运转中的检查工作。

① 开车前的准备和检查

a. 掌握入磨物料的物理性质，了解粉磨产品（生料、水泥和煤粉等）的各项计划要求，以便在运转中保证实现。

b. 磨头仓中的原料、熟料等物料必须有一定储备量，一般应满足 4h 以上的需要量，其他辅助物料也应根据配料和生产情况适量准备。应注意避免在磨机运转中造成断料而影响生产。

c. 检查喂料装置是否正常，调整机构是否灵敏；磨机各润滑部位的润滑油量是否适量，油的质量和品种是否符合要求。

d. 检查磨内衬板、隔仓板和出口算板有无破损或变形；磨内若有喷水装置应检查喷头是否完整无损；检查磨内各仓研磨体装载量是否符合规定的填充率。

e. 检查中空轴有无裂纹；检查磨机螺旋筒衬板、护板、隔仓板、挡环、磨门、大齿轮对口等部分的连接螺栓，主轴承和传动轴承地脚螺栓有无松动现象。

f. 检查入磨水管（或水箱）的水压是否正常。冷却水管和下水道是否畅通。夏季与冬季如遇一般性检修或因故短时间停磨，都不宜关闭冷却水，以便增加降温效果或不致冻裂水管。

g. 检查选粉机（回路系统）、收尘器、提升机及其他输送设备的完好情况，并经单机试车保持完好。

h. 排除随时可能影响磨机传动的障碍物。开车时两旁严禁站人。注意环境卫生。

i. 及时与上下工序取得联系，以便提前做好准备，保证磨机启动的顺利进行。

j. 磨机及其辅助机的安全防护装置和安全联系信号必须完整良好。

② 开停车顺序。正常开车的顺序是逆流程开机，即从进成品的最后一道输送设备起顺序向前开，直至开动磨机后再开喂料机。在开动每台设备时，必须等前一台设备运转正常后再开下一台设备，以防止发生事故。

开车前的准备工作完毕后，并确认无误后方可开车。磨机系统所有设备启动运转正常后便可进行喂料。若采用磨体淋水的磨机，此时可开始供水，并注意由少而逐渐加至正常淋水量。

在正常情况下，磨机的停车顺序与开车顺序相反，即先开的设备后停，后开的设备先停。应注意，当磨机停车后，输送设备一般还应继续运转，直至把其中的物料送完后再停机。防止因机内积存物料而影响下次开车或检修。若是为了更换衬板、隔仓板或研磨体而长期停磨时，应先停喂料机，而磨机继续运转几十分钟，待磨内物料基本排空后再停磨机。在冬季长期停磨时，应将轴承内的冷却水全部排除，防止冻坏。

凡设有辅助传动磨机，在计划停磨或临时停磨时，应一次将磨门停在要求的位置，以免频繁启动电动机，而影响其使用寿命。

③ 紧急停磨条件。当出现下列情况时，磨机一般不能继续运转，必须采取措施、调整负荷或停磨处理。

a. 磨机电动机电流超过额定电流值；选粉机、提升机等辅助设备超负荷，其电动机电流超过额定电流值。

b. 各电动机的温度超过规定值；磨机主轴承及传动轴承的温度超过规定值。

c. 喂料仓的配合物料出现一种或一种以上物料断流而不能及时供应时；喂料装置及下料斗因料块大或异物卡住，短时间又无法处理时。

d. 边缘传动的磨机大牙轮啮合声音不正常，特别是发生较大振动时。

e. 各轴承地脚螺栓、轴承盖螺栓严重松动时；油圈不转动并拨动无效（或输油泵发生故障、油管堵塞）致使润滑系统失去作用时。

f. 磨机衬板、挡环、隔仓板等因固定螺栓折断而脱落时。

g. 入磨水压因故陡然下降，冷却水不通时。

h. 各辅机设备和输送设备发生故障时。

i. 减速机发生异常响声或较大振动时。

j. 干法粉磨系统的收尘设备发生故障而停止通风除尘时。

(2) 磨机操作不正常现象的原因及处理方法

① "饱磨"现象。"饱磨"（又称"闷磨"、"磨满"等）就是磨机进出物料量失去平衡，磨内瞬时间存料量过多的现象。其征兆是磨声发闷，磨机电流显著下降，磨尾出料少，而磨头可能出现返料现象。

产生"饱磨"现象的原因如下。

a. 喂料量过多或入磨物料粒度变大、物料硬度变大而又未能及时调整喂料量。

b. 入磨物料含水量过多，通风不良，造成"糊磨"使钢球的冲击力减弱，物料流速降低。

c. 钢球级配不合理，若第一仓小径球过多时致使冲击力不足，或钢球严重磨损而又未及时补球或清包，因而粉磨作用减弱。

d. 隔仓板磨坏，研磨体串仓而造成级配失调。

e. 对于设有选粉机的磨机，选粉效率下降，选粉机的回料过多，即循环负荷过高。

解决的方法：应查明原因，分别解决。通常是先减少喂料量，待恢复正常。如效果不明显，则需停止喂料，或加入干煤（生料磨）或干矿渣（水泥磨）等助磨物料，待磨声恢复正常时，再逐渐增加喂料量转入正常操作。

② "包球"现象。"包球"现象的特征是磨声低沉，有时"呜呜"响，出磨筛上水蒸气量大。物料较潮湿时，在研磨体表面黏附较厚的细粉，磨机粉磨能力减弱，以致造成磨尾排出大量未被粉磨的粗颗粒物料。

产生"包球"现象的原因及其解决方法如下。

a. 因入磨物料水分太高，使细粉黏附研磨体表面，可加强物料烘干措施，改用干料或临时加入少量干煤（生料磨）或干矿渣、煤渣（水泥磨）使之逐渐消除。

b. 因磨内通风不良，磨内水蒸气不能及时排出，导致磨内物料过潮而产生"包球"现象。应及时清扫风管、改善通风。

c. 对于水泥磨，若入磨物料水分不高，但研磨体也被细粉黏附而出现"包球"现象，其原因可能是：入磨熟料温度高，磨内无喷水及磨筒体未用水冷却，通风又不良，使磨内物料湿度过高，加剧研磨体静电吸附细粉的现象。消除办法是降低熟料温度，加强通风及向磨内喷水或向磨筒体淋水等。应注意，此时不能减少喂料量，否则磨内温度更高。

③ 隔仓板篦孔堵塞。篦孔堵塞会引起磨内物料流速减慢，通风阻力增加，容易造成"饱磨"现象。造成篦孔堵塞的原因主要是：入磨物料太潮湿、通风不良，磨内水蒸气不能及时排除，使潮湿物料黏结在篦孔中，或因碎铁等杂物入磨夹在篦孔中而堵塞。解决方法是加强物料烘干和磨内通风，清除物料中碎铁杂物。

④ 篦孔过大或过小。篦孔过小或堵塞时，磨内物料流速减缓，通风阻力加大，容易造成"饱磨"。其征兆是一般在篦孔过小或堵塞隔仓板的前仓声音发闷，而后一仓声音很响。对于篦孔过小的篦板（新装的篦板易出现此类情况）可以用扁铲剔除毛刺以达到规定的宽度。

篦孔过大时，磨内物料流速加快，钢球对物料冲击次数减少，而且使后仓负荷增大，使细度难以控制，产品比表面积下降。若因配件不规格或磨损致使篦孔过大，则可采用更换篦板或塞焊铁片的办法解决。

⑤ 研磨体串仓。研磨体串仓以后，磨内声音混杂，出磨物料细度反常，产量较低。如果出料端篦板孔磨坏，磨尾必然出现大量铁段。研磨体串仓的原因：隔仓板固定不牢，篦板脱落；篦孔磨大，篦板没有及时更换；研磨体严重磨损，致使直径小于篦孔。

解决方法是：停磨更换篦板或补焊；清仓更换磨损严重的研磨体。

思 考 题

1. 球磨机有哪些优缺点？
2. 球磨机有哪几种分类方法？
3. 衬板的作用有哪些？比较各种衬板的特点。
4. 隔仓板作用有哪些？比较各种隔仓板的特点。
5. 磨机有哪几种传动形式？
6. 边缘单传动的磨机的小齿轮布置应注意什么？
7. 磨机粉磨介质的运动状态有哪些？是什么原因造成的？
8. 什么是磨机的临界转速、实际工作转速？影响实际工作转速的因素有哪些？
9. 粉磨介质的级配遵循哪些原则？
10. 粉磨介质如何调整和补充？
11. 提高磨机产量的措施有哪些？
12. 磨机操作不正常现象有哪些？说明它们的原因及处理方法。

7 带式输送机

7.1 输送机械概述

输送机械是用于搬运物料或物品的机械。其任务是在它所服务的空间里将物料或物品从甲地运送到乙地。输送机械的主要参数是输送能力、输送距离、输送高度或输送机倾斜角度、机械质量及外形尺寸、电动机功率等。

输送机械按输送物料方向来分，有水平（或略为倾斜）输送的、垂直（或倾斜度大）输送的以及多向（或立体）输送的输送机械。按输送方式来分有间歇输送机械和连续输送机械。

硅酸盐工业常用的输送机械有许多，除了将要介绍的带式输送机（可水平也可倾斜输送）、螺旋输送机（主要为水平输送）、斗式提升机（主要为垂直提升）以外，常见的还有振动输送机、埋刮板输送机、空气斜槽、链斗输送机等。

7.1.1 振动输送机

振动机械主要由激振器、工作体和弹性元件三部分组成。激振器是用以产生激振力的，可分为机械式（连杆式和惯性式）、电磁式、液压和气动式等；做周期性运动的工作部分称工作体，如输送槽、筛箱、筒体等；弹性元件包括主振弹簧（使工作体做周期性运动并用来调整机器工作点）和隔振弹簧（减少传递到基础或构架上的动载荷）。

振动输送机一般用于输送各种无黏性的散粒状或小块物料，如碎石、煤炭、炉渣、熟料等。振动输送机工作时，振动角为 β 的输送槽只能倾斜上下运动，当输送槽向上运动将物料加速到超过其重力加速度时，物料以和摆杆弹簧成直角的方向被抛起后，按自由抛物体的运动轨迹继续前进，直至与槽底接触，重新获得加速度后再次被抛起，物料继续前进。物料的输送速度取决于输送机的振幅和振动频率。

振动输送机按输送机体结构分单质体和双质体两类：单质体通过弹簧钢板直接支撑在固定基础上；双质体则固定在可同时振动的底架上。按振动输送槽分类有敞开槽和封闭槽。各型振动输送机的最大差别是激振器的形式不同。

（1）连杆式（又称曲柄式）振动输送机 连杆式振动输送机是由连杆式激振器驱动，该激振器是由偏心轴和连杆组成。连杆又分刚性连杆、弹性连杆和软性连杆三种。应用较广的为弹性连杆式激振器。它是由基座、偏心轴、连杆、橡胶弹簧和工作体组成。这种输送机具有低频率大振幅的特点。输送机长度为 2～20m，特殊结构达 50m。

（2）惯性式（又称偏心式）振动输送机 惯性式振动输送机驱动机构为惯性激振器。惯性激振器是利用偏心质量旋转时产生的离心惯性力作为激振力。这种激振器可产生较大的激振力，本身尺寸较小，结构简单，便于自制。但安装偏心质量的轴和轴承受到的动载荷较大。惯性激振器分单轴惯性激振器和双轴惯性激振器两种，双轴惯性激振器是利用相对同步回转的两个相同的偏心质量所产生的离心惯性力作为激振力，来驱动输送机。这种输送机一般采用中频中幅。输送机长度为 0.5～10m，特殊结构达 30～40m。

（3）电磁振动输送机 由电磁激振器驱动而得名，电磁激振器是由电磁铁、衔铁（固定在工作体上）和装在两者之间的主振弹簧等构成。这种输送机具有高频率小振幅的特点。输送机长度为 0.5~5m，特殊结构达 10m。

振动输送机与其他输送机相比，具有下述主要特点。

① 可输送高温物料。输送槽是用钢板制成的，可输送 150~200℃的物料。如果制成双层的输送槽，可输送 200~400℃的物料。用耐热钢板制成双层输送槽或制成水冷式输送槽，可输送 400~700℃的高温物料。

② 在输送过程中，可进行筛分、冷却、干燥和排列等工作。

③ 采用密封槽可保证物料质量并改善环境卫生。如果用不锈钢槽或用聚四氟乙烯涂料槽，还可防止输送物料的污染和附着。

④ 在输送槽上设置带调节挡板的卸料口时，可向任意位置卸料。

⑤ 结构简单、质量小、使用和维护方便，使用的零件种类少，输送费用较低。

但有些振动机械工作状态不够稳定，调整较困难，动载荷较大，零部件使用寿命短，噪声较大。

7.1.2 埋刮板输送机

埋刮板输送机是利用被输送物料的内摩擦力而设计的。即被输送物料的颗粒之间的内摩擦因数，大于物料与机体之间的摩擦因数。这样，埋刮板在机体内前进时物料随同前进，达到输送物料的目的。因此，选择埋刮板输送机输送物料时，应了解物料的内摩擦因数。埋刮板输送机选型时，设备的输送能力应与工艺流量相当，不要有储备能力。当生产发展时可以采用提高埋刮板行进速度来解决。

埋刮板输送机是一种在封闭式矩形断面的壳体中，借助于运动着的刮板输送粉状、小块状物料的连续输送设备。埋刮板输送机的特点是：物料在壳体内封闭运输，扬尘较少；可以按照工艺要求灵活布置，并可多点装料及卸料；设备结构简单，运输平稳，电耗低。一般水平输送最大长度可达 80~100m；垂直提升高度为 20~30m。可以用来输送黏土、碎煤、炉渣等。埋刮板输送机对物料的要求有：物料密度为 $(0.2~1.8)\times10^3kg/m^3$；物料温度小于 100℃；物料粒度一般小于 30mm；同时要求物料含水率要低，物料在输送过程中不会黏结、压实变形；硬度和磨琢性不宜过大。如果设计选型不合理，会出现断链卡壳、电动机过载等事故。

7.1.3 空气斜槽

空气斜槽为常用的气力输送设备。气力输送设备一般用于粉状物料的输送，气力输送可分高压输送、中压输送和低压输送三类。高压输送设备如螺旋泵、仓式泵等，所需压力与输送距离和管径有关，一般在 0.2~0.5MPa 的压力范围内。国内曾进行过当量长度为 880m 的压力管道输送，输送物料为水泥和粉煤灰。中压输送如气力提升泵，常用于提升物料，提升高度可达 100m，一般用罗茨风机供气。低压输送如空气斜槽、管道负压输送等，所需空气压力为 6kPa 以内，一般用离心风机作动力源。气力输送按气料比（kg/m^3）分类，又可分为密相气力输送和稀相气力输送。气力脉冲式仓泵属密相气力输送，气料比可达 $100kg/m^3$ 以上。

按物料输送方式，空气斜槽属于流态床式输送。空气输送斜槽以中、高压离心通风机为动力源，使输送斜槽中的粉状物料或夹带有粗粒的粉料保持流态化，向倾斜的低端缓慢流动。空气斜槽的优点是：设备本身无运动部件，磨损少，耐用；设备简单，易维护检修，材料省；运转中无噪声；动力消耗低，操作安全可靠；改变输送方向容易，适用于多点喂料及多点卸料。这种设备的缺点是对输送的物料有一定要求，适用于小颗粒或粉状非黏结性物料。输送物料中粗大颗粒过多时，输送过程中会逐渐累积在槽中，达一定数量时需进行人工排渣，方得继续运送。输送物料水分过高也会造成堵塞现象的发生。在布置上必须保证向下倾斜度，所以距离越长落差就越大，造成土建上的困难。

7.1.4 链斗式输送机

链斗式输送机是一种兼能作水平输送和倾斜提升的输送设备。被输送物料盛放在斗内，由链条拖动料斗进行输送。因此，物料与输送部件之间无相对运动，磨损较小，运转故障也较少。可以输送块度较大的、有一定温度（<200～250℃）的、有磨琢性的物料，允许最大倾角可达 25°～30°，最大输送长度可达 70m。但由于该型设备耗钢量大，电耗也比较高，一般用在水泥厂来输送熟料。

7.2 带式输送机的构造

带式输送机是应用最广的一种连续运输机械，可用来在水平方向和倾斜方向运输各式各样的粉状、粒状、块状物料以及成件物品。由于带式输送机具有较高的生产率，运输长度大，结构简单，本身质量小及工作安全性高和使用方便，所以带式输送机应用非常广泛。

固定带式输送机如图 7-1 所示，它主要由驱动滚筒 4 和改向滚筒 10，以及套在其上的闭合输送带 6 组成。带动输送带转动的滚筒称为驱动滚筒，另一个仅用于改变输送带运动方向的滚筒称为改向滚筒。驱动滚筒 4 由电动机通过减速器驱动，输送带依靠驱动滚筒与输送带之间的摩擦力拖动。为了避免输送带在驱动滚筒上打滑，用螺旋拉紧装置 11 将输送带拉紧。物料由喂料端喂入，落在运动的输送带上，依靠输送带摩擦带动运送到卸料端卸出。为了防止输送带负重下垂，输送带支在承载托辊 7 和回程托辊 14 上。

带式输送机的种类较多，有 TD75 型（通用型）、QB80 型、DX 型钢绳芯式、GH69 型高倾角花纹带式等。DTⅡ型固定带式输送机是 TD75 型的替代型。本节主要以 DTⅡ型为例

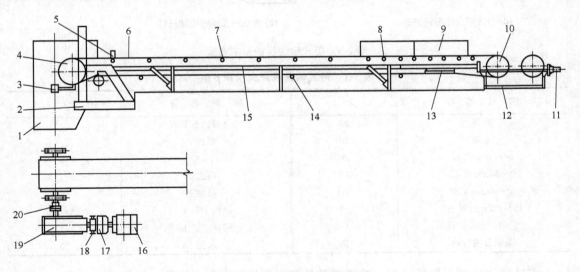

图 7-1 固定带式输送机

1—头部漏斗；2—机架；3—头部清扫器；4—驱动滚筒；5—安全保护装置；6—输送带；7—承载托辊；8—缓冲托辊；9—导料槽；10—改向滚筒；11—螺旋拉紧装置；12—尾架；13—空段清扫器；14—回程托辊；15—中间架；16—电动机；17—液力耦合器；18—制动器；19—减速器；20—联轴器

介绍带式输送机。

通用带式输送机又分为固定式（见图 7-1）和移动式（见图 7-2）两种。

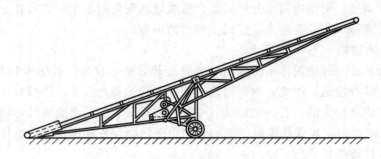

图 7-2　移动带式输送机

带式输送机可用于水平或倾斜输送，也可采用带凸弧、凹弧段与直线段组合的输送形式。带式输送机的基本布置如图 7-3 所示。在倾斜向上输送时，不同物料的允许最大倾角 β 值见表 7-1。若超过 β 值，则由于物料与输送带间的摩擦力不够，物料将在输送带上产生滑动，从而影响输送能力，并加剧输送带的磨损。在倾斜向下输送时，允许最大倾角取表 7-1 中所列值的 80%。

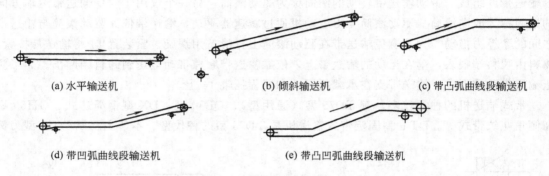

(a) 水平输送机　　　　　　　(b) 倾斜输送机　　　　　　(c) 带凸弧曲线段输送机

(d) 带凹弧曲线段输送机　　　　　(e) 带凸凹弧曲线段输送机

图 7-3　带式输送机的基本布置

表 7-1　带式输送机最大倾角 β 值

物　料　名　称	$\beta/(°)$	物　料　名　称	$\beta/(°)$
块煤	18	筛分后的石灰石	12
原煤	20	湿砂	23
0～3mm 焦炭	20	干砂	15
0～25mm 焦炭	18	湿土	20～23
0～50mm 矿石	20	干松黏土	20
0～120mm 矿石	18	块状干黏土	15～18
0～350mm 矿石	16	粉状干黏土	22
未筛分的石块	18	水泥	20

带式输送机的主要特点是：输送带既是载物构件又是牵引构件，结构简单，安装维修方便；连续输送操作，运转平稳可靠，噪声较小；各部件摩擦阻力小，动力消耗低；带式输送机输送量大，输送距离长；但不宜密封，输送倾角受限制，占地面积大。

DTⅡ型带式输送机的规格用带宽表示，其代码和适用最大块度见表 7-2。

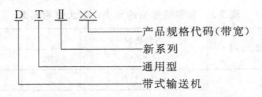

产品规格代码（带宽）

新系列

通用型

带式输送机

表 7-2　带式输送机带宽的代码和适用最大块度

带宽/mm	500	650	800	1000	1200	1400
代码	01	02	03	04	05	06
最大块度/mm	100	150	200	300	350	350

当输送硬质岩石时，带宽超过 1200mm 后，适用最大块度一般限制在 350mm，而不能随着带宽的增长而加大。

带式输送机的应用范围：DTⅡ型固定带式输送机是通用型系列产品，可由单机和多机组合成运输系统来输送物料；可输送松散密度为 $500\sim2500\text{kg/m}^3$ 的各种散状物料及成件物品；适用的工作环境温度一般为 $-25\sim+40℃$；对于在特殊环境中工作的带式输送机，如要具有耐热、耐寒、防水、阻燃等条件，应另行采取相应的防护措施。

DTⅡ型固定带式输送机整体构造如图 7-1 所示。主要部件有：输送带、驱动装置（电动机、减速器、液力耦合器、制动器、联轴器、逆止器）或电动滚筒、托辊、拉紧装置、清扫器、卸料器、机架、漏斗、导料槽、安全保护装置等。

7.2.1　输送带

输送带与一般传动胶带不同，它不但起牵引作用，而且还起承载作用，要求具有较高的强度，相对伸长要小，对于多次重复弯折产生的变化负载的抵抗力良好，吸水性小而有足够的耐磨性。输送带主要由抗拉体（芯层）和覆盖胶层组成。DTⅡ型固定带式输送机采用普通型输送带，抗拉体（芯层）有棉帆布（CC）、尼龙帆布（NN）、聚酯帆布（EP）和钢丝绳芯等。其规格型号通常用帆布代号和扯断强度表示。

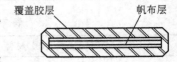

图 7-4　橡胶帆布输送带断面

橡胶帆布输送带应用较广泛，其断面如图 7-4 所示。它是由若干层帆布组成，帆布层之间用硫化方法浇上一层薄的橡胶，带的上下以及左右两侧都覆以橡胶保护层。

帆布层是承受拉力的主要部分，胶带越宽，则帆布层也越宽，承受的总拉力也越大。帆布的层数越多，可承受的总拉力亦越大，但帆布层越多，胶带的横向柔韧性越小，胶带就不能与支撑它的托辊平服地接触，容易造成胶带跑偏。DTⅡ型固定带式输送机系列设计中考虑的各种帆布带的最小、最大许用层数见表 7-3。

覆盖胶层的作用是保护帆布不致受潮腐蚀，防止物料对帆布的磨损。覆盖胶层的厚度对于工作面（与物料接触的面）和非工作面（不与物料接触的面）是不同的。覆盖胶层厚度根据所输送物料的松散密度、块度、落料高度及物料的磨琢性确定。常规条件下推荐按表 7-4～表 7-6 选取。一般带速越高、机身越短，物料粒度大则胶面厚度应厚些。

输送带质量根据抗拉体和覆盖胶层厚度参照各厂样本选取。表 7-7 所列为帆布带质量 q_B（参考值）。

表 7-3　各种帆布带的最小、最大许用层数

输送带型号	层数极限	物料密度/$\times 10^3$ kg·m^{-3}	带宽/mm 500	650	800	1000
CC-56 NN-100	最小	0.5~1.0	3	4	4	5
		1.0~1.6	3	4	4	5
		1.6~2.5	3	5	5	6
	最大		4	5	6	8
NN-150 EP-100	最小	0.5~1.0	3	3	3	4
		1.0~1.6	3	3	4	5
		1.6~2.5	3	3	5	6
	最大		3	4	5	6
NN-200	最小	0.5~1.0		3	3	3
		1.0~1.6		3	4	4
		1.6~2.5		4	5	6
	最大			4	5	6
NN-250 EP-200	最小	0.5~1.0		3	3	3
		1.0~1.6		3	3	4
		1.6~2.5		3	4	5
	最大			3	4	6
NN-300 EP-300	最小	0.5~1.0		3	3	3
		1.0~1.6		3	3	4
		1.6~2.5		3	4	5
	最大			3	4	6

表 7-4　输送带承载和空载面覆盖胶层最小厚度

抗拉体(芯层)材料	最小厚度值
CC（棉帆布）NN（尼龙帆布）EP（聚酯帆布）	根据不同抗拉体(芯层)分别为1~2mm

表 7-5　相应于表 7-4 最小厚度的承载面附加厚度的标准值　　　　　　/mm

有影响的参数			评 价 值										评价值总数
载荷情况			载荷频繁度			粒度			密度			物料磨琢性		
有利	正常	不利	少	正常	频繁	细	正常	粗	轻	正常	重	小	中等	剧烈	
1	2	3	1	2	3	1	2	3	1	2	3	1	2	3	

表 7-6　附加厚度的标准值　　　　　　/mm

评价值总数	5~6	7~8	9~11	12~13	14~15
附加厚度	0~1	1~3	3~6	6~10	≥10

表 7-7　帆布带质量 q_B（参考值）　　　　　　　　　　　　　　　　/kg·m^{-1}

帆布层数 Z	厚度（上胶＋下胶）/mm	带宽/mm			
		500	650	800	1000
3	3.0＋1.5	5.02			
	4.5＋1.5	5.88			
	6.0＋1.5	6.74			
4	3.0＋1.5	5.82	7.57	9.31	
	4.5＋1.5	6.68	8.70	10.70	
	6.0＋1.5	7.55	9.82	12.10	
5	3.0＋1.5		8.62	10.60	13.25
	4.5＋1.5		9.73	11.98	14.98
	6.0＋1.5		10.87	13.38	16.71
6	3.0＋1.5			11.80	14.86
	4.5＋1.5			13.28	16.59
	6.0＋1.5			14.65	18.32
7	3.0＋1.5				16.47
	4.5＋1.5				18.20
	6.0＋1.5				19.93
8	3.0＋1.5				18.08
	4.5＋1.5				19.81
	6.0＋1.5				21.54

　　输送带的安全系数是一个经验值，应考虑安全、可靠、寿命及制造质量、经济成本。此外，还要考虑接头效率、启动系数、现场条件、使用经验等。选用时应参照各制造厂的样本。本系列推荐值仅供参考。

　　棉帆布输送带：$n=8\sim9$；层数少、接头效率低可大于此值。

　　尼龙、聚酯帆布带：$n=10\sim12$；使用条件恶劣及要求特别安全时应大于12。

　　钢丝绳芯输送带：$n=7\sim9$；运行条件好、倾角小、强度低可取小值，反之则取大值。

　　对可靠性要求高，如载人输送带应适当高于上述数值。

　　输送机上的输送带要连接成闭合件，输送胶带需要连接。胶带连接方法可分为机械连接和硫化胶接两种。机械连接的方法很多，常用的有钢卡连接、合页连接、板卡连接和塔头铆钉连接等方式。机械连接的接头强度只有胶带本身强度的 $35\%\sim40\%$，使用寿命短，接头通过滚筒时对滚筒有损害，故只适用于织物芯胶带，用于距离短或移动式的输送机以及要求检修时间短的场合。

　　采用硫化胶接法可以显著延长橡胶输送带的使

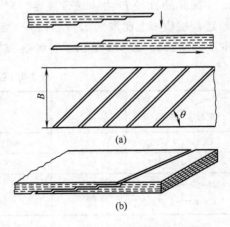

图 7-5　织物芯胶带端头的硫化胶接法

用寿命，硫化接头的强度可达胶带本身强度的 $85\% \sim 90\%$，因此在条件许可的情况下，应尽可能采用硫化胶接法。织物芯胶带端头的硫化胶接法如图 7-5 所示，将胶带两端切开成阶梯形斜头，然后胶合起来，结合处的厚度不应超过胶带厚。两端胶合前，应先将接触面用汽油洗净，再涂一层胶水，然后将两端搭合，在一定温度下将其压合，经过硫化反应，使生橡胶变成硫化橡胶，使接合部位获得较高的黏着强度。硫化反应温度一般为 140℃ 左右，硫化时间（系指硫化温度从 100℃ 升高到 143℃ 所需时间）约为 45min。

7.2.2　驱动装置

驱动装置的作用是通过驱动滚筒和输送带间的摩擦传动，将牵引力传给输送带，以牵引输送带运动。胶带输送机驱动装置的典型构造如图 7-6 所示，由电动机、减速器、驱动滚筒和联轴器等组成。电动机与减速器的连接通常采用弹性联轴器，减速器与滚筒的连接采用十字滑块联轴器。驱动滚筒由电动机经减速器驱动。对于倾斜布置的胶带输送机，驱动装置中还设有制动装置，以防止突然停机时，由于物料质量的作用而产生胶带下滑运动。

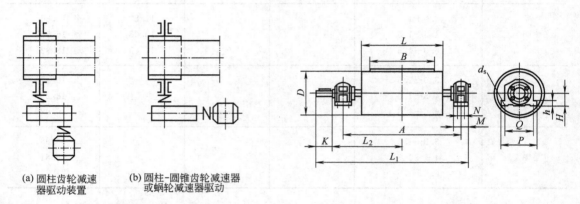

(a) 圆柱齿轮减速器驱动装置　　(b) 圆柱-圆锥齿轮减速器或蜗轮减速器驱动

图 7-6　胶带输送机驱动装置的典型构造　　　　图 7-7　驱动滚筒

驱动滚筒是传递动力的主要部件。驱动滚筒如图 7-7 所示，它由铸铁铸成或钢板焊接制成。滚筒的形状分圆柱形和中部突起形（鼓形）两种。中部突起的目的是为了使运行的输送带能够自动定心。突起部分的高度通常取为直径的 0.5%，但不小于 4mm。滚筒的宽度应比带宽大 $100 \sim 200$mm。

滚筒的直径 D 由输送带决定。对于普通输送带，当采用硫化接头时，驱动滚筒直径与输送带层数 i 之比取为 $D/i \geqslant 125$；当采用机械接头时，取 $D/i \geqslant 100$；对于强力型输送带，取 $D/i \geqslant 200$。表 7-8 给出了各种帆布带最小传动滚筒直径。

表 7-8　各种帆布带最小传动滚筒直径　　　　/mm

型号＼层数	3	4	5	6	7	8
CC-56，NN-100	500	500	630	800	1000	1000
NN-150，EP-100	500	500	630	800		
NN-200～NN-300 EP-200～EP-300	500	630	800	1000		

最小驱动滚筒直径 D 也可以按下式选取，即

$$D = Cd$$

式中 d——芯层厚度或钢绳直径，mm；

　　C——系数，棉织物为 80，尼龙为 90，聚酯为 108，钢绳芯为 145。

　　驱动滚筒表面有裸露光钢面、人字形和菱形花纹橡胶覆面。小功率、小带宽及环境干燥时可采用裸露光钢面滚筒。人字形花纹胶面摩擦因数大，防滑性和排水性好，但有方向性。菱形花纹胶面用于双向运行的输送机。用于重要场合的滚筒，最好采用硫化橡胶覆面。用于阻燃、隔爆条件，应采用相应的措施。

　　DTⅡ型固定带式输送机驱动滚筒根据承载能力分轻型、中型和重型三种。滚筒直径有500mm、630mm、800mm、1000mm。同一种滚筒直径又有几种不同的轴径和中心跨距供设计者选用。

　　轻型：轴承孔径 80～100mm。轴与轮毂为单键连接的单辐板焊接筒体结构。单向出轴。

　　中型：轴承孔径 120～180mm。轴与轮毂为胀套连接。

　　重型：轴承孔径 200～220mm。轴与轮毂为胀套连接，筒体为铸焊结构。有单向出轴和双向出轴两种。

　　滚筒轴承座全部采用油杯式润滑脂润滑。

　　图 7-8 所示为油冷式电动滚筒，电动滚筒是将电动机、减速齿轮装入滚筒内部的驱动滚筒。因其结构紧凑、外形尺寸小，操作安全，整机装拆方便，减少停机时间，质量小，节约金属材料。与同规格的外部驱动装置比较，质量减小 60%～70%，节约金属材料 58%。适于短距离及较小功率的单机驱动带式输送机。它的缺点是：结构较复杂，制造精度要求高，在连续工作情况下，由于冷却不良使电动机的工作比较繁重。因此，不宜用于环境温度大于40℃和物料温度高于50℃的场合。功率范围 2.2～55kW。

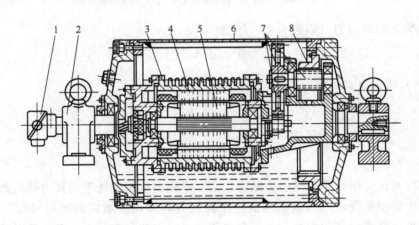

图 7-8　油冷式电动滚筒

1—接线盒；2—轴承座；3—电动机外壳；4—电动机定子；

5—电动机转子；6—滚筒外壳；7—正齿轮；8—内齿圈

　　驱动装置是通过驱动滚筒和输送带之间的摩擦作用牵引输送带运动的。输送带绕在驱动滚筒上的常见形式如图 7-9 所示。为了避免输送带在驱动滚筒上打滑，驱动滚筒趋入点的输送带张力 $S_入$ 和奔离点的输送带张力 $S_出$ 之间的关系应满足尤拉公式，驱动输送带的条件是

$$S_\lambda \leqslant S_出 \, \mathrm{e}^{f\alpha} \tag{7-1}$$

式中　S_λ——驱动滚筒趋入点的输送带张力；

$\quad\quad S_出$——驱动滚筒奔离点的输送带张力；

$\quad\quad\mathrm{e}$——自然对数的底数；

$\quad\quad f$——驱动滚筒与输送带间的摩擦因数；

$\quad\quad\alpha$——输送带与驱动滚筒的包角。

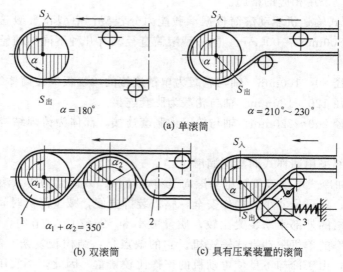

(a) 单滚筒

(b) 双滚筒　　　　　　(c) 具有压紧装置的滚筒

图 7-9　输送带绕在驱动滚筒上的常见形式

1—驱动滚筒；2—改向滚筒；3—弹簧压紧装置

驱动滚筒上的牵引力（即圆周力）P_y 为

$$P_y = S_\lambda - S_出 \tag{7-2}$$

式（7-1）代入上式可得

$$P_y = S_出(\mathrm{e}^{f\alpha} - 1) \tag{7-3}$$

或

$$P_y \leqslant \frac{\mathrm{e}^{f\alpha} - 1}{\mathrm{e}^{f\alpha}} S_\lambda \tag{7-4}$$

上式可以看出，输送带的牵引力随着包角、摩擦因数及输送带初张力的增加而增加。但是输送带张力的增加受带的强度的限制，摩擦因数的增加受滚筒表面材料及工作条件的影响，包角的增加将影响结构方案。为了在包角、摩擦因数和初张力一定的情况下增加带的牵引力，则宜采用装设压紧滚筒［见图 7-9（c）］或压带装置产生附加压力的办法。

7.2.3　改向装置

为了改变输送带运动的方向，设置改向装置。改向装置有改向滚筒［见图 7-10（a）、（b）］和改向托辊组［见图 7-10（c）、（d）］两种。

胶带输送机在垂直平面内的改向一般采用改向滚筒。改向滚筒按承载能力分轻型、中型和重型，分挡直径为：50～100mm，120～180mm 及 200～260mm。改向滚筒的结构与驱动滚筒基本相同，但其直径比驱动滚筒略小一些。改向滚筒与驱动滚筒的直径匹配见表 7-9。

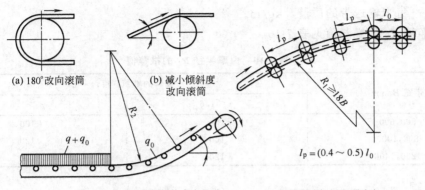

(a) 180°改向滚筒　　(b) 减小倾斜度改向滚筒

$l_p = (0.4 \sim 0.5) l_0$

(d) 由水平改向倾斜的自由悬垂　　(c) 用槽形滚柱组实现改向

图 7-10　改向装置

表 7-9　改向滚筒与驱动滚筒的直径匹配　　　　　　　　　　　　　　/mm

带宽	驱动滚筒直径	约180°尾部改向滚筒直径	约180°头部探头滚筒直径	约90°改向滚筒直径	小于45°改向滚筒直径
500	500	400	500	315	250
650	500	400	500	315	250
	630	500	630	400	315
800	500	400	500	315	250
	630	500	630	400	315
	800	630	800	500	400
	1000	800	1000	630	500
1000	630	500	630	400	315
	800	630	800	500	400
	1000	800	1000	630	500

　　改向滚筒直径与胶带帆布层数之比一般取 $D/i \geqslant 80 \sim 100$。一般用 180°改向滚筒作尾部滚筒或垂直拉紧滚筒；用 90°改向滚筒作垂直拉紧装置上方的改向轮；用小于 45°改向滚筒作增面轮。

　　输送带由倾斜方向转为水平（或减小倾斜角），可用一系列的托辊改向，其支撑间距取上托辊间距的 1/2。此时输送机的曲线部分是向上凸出的，其凸弧段的曲率半径按下式计算，即

$$R_1 \geqslant 18B \tag{7-5}$$

式中　B——带宽，m。

　　有时可不用任何改向装置，而让输送带自由悬垂成一曲线来改向。如输送带由水平方向转为向上倾斜方向时（或增加倾斜角），即可采用这种方法，不过输送带仍需设置一系列托辊。此时带的凹弧段的曲率半径按下式计算，即

$$R_2 \geqslant \frac{S}{10q_0} \tag{7-6}$$

95

式中 S——凹弧段输送带的最大张力，N；

q_0——每米输送带的质量，kg/m。

曲率半径 R_2 的推荐值见表 7-10。

表 7-10　曲率半径 R_2 的推荐值　　　　　　　　　　　　　　/m

带宽 B/mm	物料的堆积密度/t·m⁻³	
	$\rho_s \leqslant 1.6$	$\rho_s > 1.6$
500,600	80	100
800,1000	100	120
1200,1400	120	140

7.2.4　托辊

托辊用于支撑输送带和带上物料的重力，减少输送带的下垂度，以保证稳定运行。对托辊的基本要求是：表面要光滑，径向跳动小，轴承能很好地润滑和防尘，转动阻力小，尺寸紧凑，自重轻且耐用等。

托辊由滚柱和支架两部分组成。滚柱是一个组合件，图 7-11 所示为托辊结构。它由滚柱体、轴、轴承、密封装置等组成。滚柱体用钢管截成或铸铁制造，两端具有钢板冲压或铸铁制成的壳作为轴承座，通过滚动轴承支撑在心轴上。少数情况亦有采用滑动轴承的。为了防止灰尘进入轴承和润滑油漏出，装有密封装置。其中迷宫防尘效果较佳，但防水性能较差。

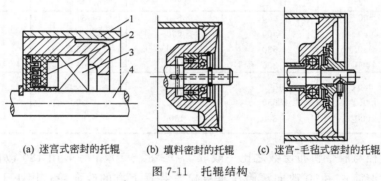

(a) 迷宫式密封的托辊　　(b) 填料密封的托辊　　(c) 迷宫-毛毡式密封的托辊

图 7-11　托辊结构

1—滚柱体；2—密封装置；3—轴承；4—轴

托辊的支架由铸造、焊接或冲压而成，并刚性地固定在输送机机架上。

托辊种类较多，它们的适用条件不同，布置要求也不同。常见的有平形托辊、槽形托辊、调心托辊、缓冲托辊。

（1）平形托辊　平形托辊如图 7-12 所示，平形上托辊，用于承载分支输送成件物品，以及固定犁式卸料器处；平形下托辊用于回程分支支撑输送带。

（2）槽形托辊　在承载分支输送散状物料时，为增加输送能力，一般都采用槽形托辊，如图 7-13 所示，输送能力提高。槽角一般采用 35°、45°。槽形托辊安装时，要保证中间托辊水平。

（3）调心托辊　由于输送带的不均质性，致使带的伸长率不同，以及托辊安装不准确和载荷在带的宽度上分布不均等原因，都会使运动着的输送带产生跑偏现象。为了调整输送带跑偏，防止蛇行，保证输送带稳定运行，承载边每隔 10 组托辊设置一组槽形调心托辊（或

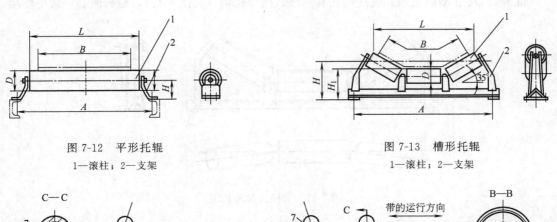

图 7-12　平形托辊
1—滚柱；2—支架

图 7-13　槽形托辊
1—滚柱；2—支架

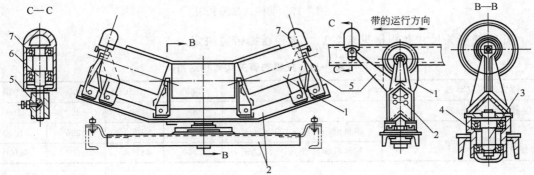

图 7-14　槽形调心托辊的结构
1—托辊；2—托辊支架；3—主轴；4—轴承座；5—杠杆；6—立辊轴；7—导向滚柱体

平形调心托辊），回程边每隔 6～10 组设置一组平形调
心托辊。

　　槽形调心托辊的结构如图 7-14 所示。托辊支架 2
装在一有滚动止推轴承的主轴 3 上，使整个托辊能绕
垂直轴旋转。当输送带跑偏而碰到导向滚柱体 7 时，
由于阻力增加而产生的力矩使整个托辊支架旋转。这
样托辊的几何中心线便与带的运动中心线不相垂直
（见图 7-15），带和托辊之间产生一滑动摩擦力，此力
可使输送带和托辊恢复正常运行位置。

　　（4）缓冲托辊　缓冲托辊安装在输送机受料段的

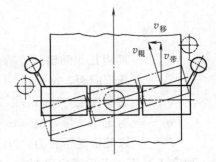

图 7-15　调心托辊的作用

下方，减小输送带所受的冲击，延长输送带使用寿命。缓冲托辊有橡胶圈式和弹簧板式两
类，如图 7-16 所示。

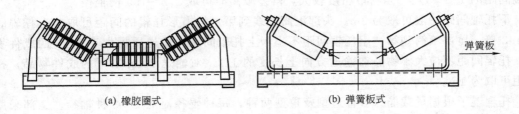

(a) 橡胶圈式　　　　　　　　　　(b) 弹簧板式

图 7-16　缓冲托辊

此外，DTⅡ型固定带式输送机还有前倾式槽形托辊（见图7-17），也起调心、对中作用。

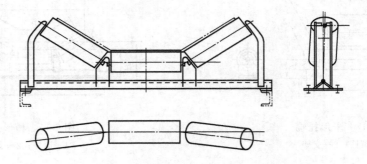

图 7-17　前倾式槽形托辊

托辊的有关尺寸和规格见表 7-11，直径根据带宽决定。

表 7-11　托辊的有关尺寸和规格

输送带的宽度 B/mm		500	650	800	1000
托辊直径/mm		89	89	89	108
上托辊间距/mm	物料堆积密度 $\rho_s \leqslant 1.6 \mathrm{t/m^3}$	1200	1200	1200	1200
	物料堆积密度 $\rho_s > 1.6 \mathrm{t/m^3}$	1200	1200	1100	1100

托辊间距应满足两个条件：辊子轴承的承载能力及输送带的下垂度，托辊间距应配合考虑该处的输送带张力，使输送带获得合适的垂度。

最大下垂度为

$$h_{\max} = \frac{g(q_G + q_B)a}{8F_0} \qquad (7\text{-}7)$$

式中　$h_{\max}$——两组托辊间输送带的最大下垂度，m；

　　　a——托辊间距，m；

　　　q_G——物料质量，kg/m；

　　　q_B——输送带质量，kg/m；

　　　F_0——该处输送带张力，N。

稳定工况下的下垂度应限制在 1% 以内。

凸弧段托辊间距：一般为承载分支托辊间距的 1/2，还应验算输送带合力的附加载荷是否超出所选托辊的承载能力。

落料处缓冲托辊间距：根据物料的松散密度、块度及落料高度而定。一般约为承载分支托辊间距的 1/3～1/2。当松散密度较大，落差较高时可取 1.2～1.5 倍辊径。

下托辊间距一般可取为 3m。头部滚筒轴线到第一组槽形托辊的间距可取为上托辊间距的 1.3 倍。尾部滚筒到第一组托辊间距不小于上托辊间距。输送质量大于 20kg 的成件物品时，托辊间距不应大于物品在输送方向上长度的 1/2。对输送 20kg 以下的成件物品，托辊间距可取为 1m。

托辊辊子根据承载能力分普通型及重型两种，每种辊径对应 2～3 种轴径。全部采用大游隙轴承，并保证所有辊子转速不超过 600r/min（见表 7-12）。

表 7-12　托辊辊子转速 　　　　　　　　　　　　/r·min⁻¹

辊径/mm	带速/m·s⁻¹									
	0.8	1.0	1.25	1.6	2.0	2.5	3.15	4.0	5.0	6.5
89	172	215	268	344	429	537				
108	142	177	221	283	354	442	557			
133		144	180	230	287	359	453	575		
159		120	150	192	240	300	379	481	601	
194			123	158	197	246	310	394	492	
219							275	349	436	567

7.2.5　拉紧装置

使输送带具有足够的张力，保证输送带和传动滚筒间产生摩擦力使输送带不打滑，并限制输送带在各托辊间的垂度，使输送机正常运行。拉紧装置常见的有螺旋式、垂直重锤式和重锤车式。拉紧装置应尽可能布置在输送带张力最小的位置上，并尽量靠近传动滚筒又便于维修的位置。在确定拉紧力时，除考虑正常运行外，还应考虑启（制）动及空载空车工况。

螺旋拉紧装置如图 7-18 所示，由调节螺杆和导架等组成。旋转螺杆可移动轴承座沿导向架滑动，以调节带的张力。螺杆应能自锁，以防松动。螺旋拉紧装置紧凑轻巧，但不能自动调节，须经常由人工调节。螺旋拉紧装置适用于长度较短

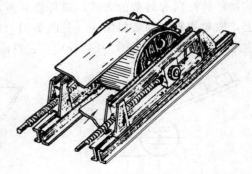

图 7-18　螺旋拉紧装置

（小于 100m），功率较小的输送机上，可按机长的 1%～1.5% 选取拉紧行程。螺旋拉紧行程有 500mm、800mm、1000mm 三种。

车式拉紧装置如图 7-19 所示，一般装在输送机的尾部，通过坠重曳引拖动滚筒来达到拉紧目的。车式拉紧装置适用于输送机较长（50～100m）、功率较大的情况。其缺点是工作不够平稳。DTⅡ型固定带式输送机增设了重锤塔架，可加大拉紧行程。拉紧行程有 2m、3m、4m 三挡。

垂直拉紧装置如图 7-20 所示，通常装在靠近驱动滚筒绕出边处，其拉紧的原理与小车

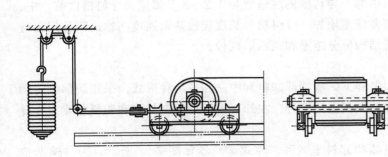

图 7-19　车式拉紧装置

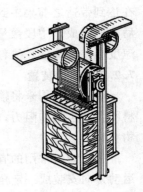

图 7-20　垂直拉紧装置

坠重式相同。它适用于采用车式有困难的场合。优点是利用了输送机走廊的空间位置，便于布置。可随着张力的变化靠重力自动补偿输送带的伸长，重锤箱内装入每块 15kg 的铸铁块或水泥混凝土块调节拉紧力。这种形式的拉紧装置应优先采用。垂直拉紧装置的缺点是改向滚筒多，而且物料容易掉入输送带与拉紧滚筒之间而损坏输送带，特别是输送潮湿或黏性较大的物料时，由于清扫不净，这种现象更为严重。当需要张紧行程很长时，可与车式拉紧装置联合使用。

此外，DTⅡ型固定带式输送机还有固定绞车式拉紧装置，这种拉紧装置适用于大行程、大拉紧力（30～150kN）、长距离、大运量的带式输送机，最大拉紧行程可达 17m。

拉紧行程的确定，根据输送带生产厂样本提供的伸长率进行计算。然后考虑接头长度和安装条件所需的附加长度。

7.2.6 装料装置

装料装置的作用是将物料装到输送带上，做到加料均匀、冲击力小。它的形式决定于运输物料的性质和装载的方式。成件物品通常用倾斜滑板〔见图 7-21（a）〕或直接装在输送带上，散粒物料则用装料漏斗〔见图 7-21（b）〕，如果装料位置需要沿输送机纵向移动时，则应采用装料小车〔见图 7-21（c）〕，它可沿输送机机架上的轨道移动。

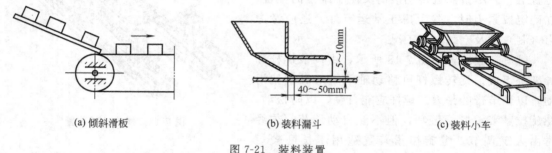

(a) 倾斜滑板   (b) 装料漏斗   (c) 装料小车

图 7-21　装料装置

装料装置要保证加料均匀，要对准输送带中心加料。装料时利用缓冲板、溜槽等装置，使物料加到输送带上时的料流方向和速度尽量与输送带运行的方向和速度一致。因此，斜面的倾角比物料对斜面的摩擦角大 10°～15°，而且斜面做成可调整的。在装料点不允许有物料撒漏和堆积现象。加料落差要小，若为冲击式加料（如电铲、抓斗等加料），应先经漏斗或料仓的缓冲，然后使物料能均匀地流到输送带上。当输送物料或使用条件改变时，要有可能调节料流速度。结构要紧凑并且具有防尘和防风功能。利用导料槽，可使从漏斗落下的物料在达到带速之前集中到输送带的中部。导料槽的底边宽为 1/2～2/3 带宽。导料槽由前、中、后三段组成，中段数量可根据需要任意增加。导料槽的长度应按落料速度与输送带稳定运行速度之差来选取。导料槽的截面结构可分矩形和喇叭形两种。

7.2.7 卸料装置

卸料装置用来将输送带上物料卸下，有端部卸料和中途卸料两种形式。采用端部滚筒卸料不会产生附加阻力，适合于卸料点固定的场合。在卸料滚筒处装卸料罩和卸料漏斗来收拢物料。

中途卸料常用的有犁式卸料器和卸料车两种。犁式卸料器如图 7-22 所示，为与输送带运动方向安装成一定角度的卸料挡板。当运行的物料碰到挡板时，就被挡板推向输送带的边侧卸下。犁式卸料器有电磁气动和手动两种形式。按卸料方式又分为右侧卸料、左侧卸料和

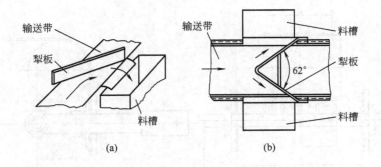

图 7-22 犁式卸料器

双侧卸料三种。这种卸料装置的优点是高度小、结构简单、质量小、成本低。缺点是对输送带摩擦较严重。因此，对于较长的输送机，输送块度大、磨蚀性大的物料时不宜采用。电磁气动犁式卸料器适用于卸料点多和有压缩空气供应的地方。选用犁式卸料器时，输送带应采用硫化接头，带速小于或等于 2.5m/s。犁式卸料器仅适用于平形输送带处卸料。若为槽形输送带，在卸料处应装设平形托辊或卸料板。犁式卸料器可用来卸成件物品和物料块度在 50mm 以下的散粒物料。

卸料车如图 7-23 所示，为装在四轮框架上的双滚筒卸料车。输送带以 S 形绕在两滚筒上，当物料经上部滚筒时，在惯性作用下抛离滚筒，经护罩和引送槽卸出。电动卸料车能带负荷往返行走，以适应沿输送机长度的任意地点卸出物料。带速一般不宜超过 2.5m/s。输送细碎后的细粒或小块状物料时，允许带速达 3.15m/s。

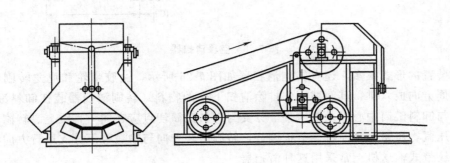

图 7-23 卸料车

7.2.8 清扫装置

清扫装置的作用是清除输送机在卸载后仍黏附在带面上的物料以及掉在非工作面上的物料。因为若物料附在带面上，当带面通过改向滚筒和无载区段的托辊时将受到剧烈的磨损，同时也增加输送机的运送阻力和降低输送能力。

DTⅡ型固定带式输送机有重锤刮板式及空段清扫器两种。重锤刮板式清扫器（见图 7-24）装于头部卸料滚筒处，利用坠重或弹簧的力将刮板紧贴在输送带表面上，清扫输送带工作面上的粘料。空段清扫器装在尾部滚筒前下分支输送带的非工作面，或垂直重锤拉紧装置入边改向滚筒处，用以清扫输送带非工作面的物料，不让残留在输送带内表面的物料卷入改向滚筒上。空段清扫器由固定式双向刮板构成（见图 7-25）。

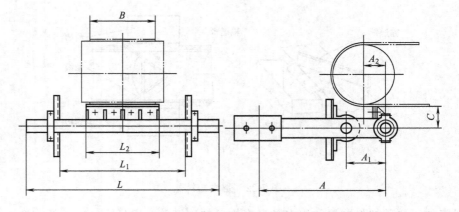

图 7-24 头部重锤刮板式清扫器

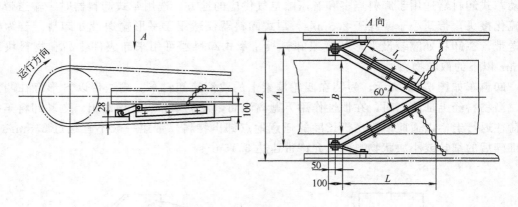

图 7-25 空段清扫器

　　清扫装置的形式很多，还有转刷清扫器如图 7-26 所示，由胶带轮和尼龙转刷组成。尼龙丝沿圆周方向成六排，其间隙用作排除清扫下来的物料。转刷清扫器装在卸料滚筒下部，转刷中心与卸料滚筒中心以及输送带下分支与卸料滚筒切点应在同一直线上。转刷毛与输送带表面应压紧，压紧程度通过调节板调节，转刷旋转方向与输送带下分支运行方向相反。在高倾角花纹带式输送机上常采用这种清扫器。

　　当输送带粘料严重时，可选用其他形式如硬质合金刮板清扫器。

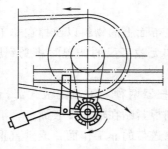

图 7-26 转刷清扫器

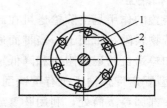

图 7-27 滚柱逆止器
1—星轮；2—滚柱；3—底座

7.2.9 制动装置

倾角大于 4°的倾斜式输送机，应设置制动装置，以防由于偶然事故停车而输送带反向滑行，引起输送机装料端物料堵塞，甚至损坏输送带。制动装置与电动机联锁，以便当电动机断路时能自动操作。

带式输送机多采用滚柱逆止器，如图 7-27 所示。它由星轮 1、滚柱 2 和底座 3 组成。星轮装在减速器输出轴与驱动滚筒相反的一端，底座固定在机架上。当星轮顺时针转动时，滚柱处于较大的间隙内不起制动作用。当星轮逆时针旋转（即输送带反向运动）时，滚柱被楔入星轮与底座的狭小间隙内，阻止星轮反转。这种制动装置工作平稳、灵敏度高，具有较大的制动力矩。

若输送机需要进行正反方向运转，在这种场合，应选用电磁式制动器，它安装在减速器和电动机之间的联轴器上。

7.2.10 机架

机架是用于支撑滚筒及承受输送带张力的装置。DTⅡ型固定带式输送机机架采用了结构紧凑、刚性好、强度高的三角形机架。

机架的种类：机架有四种结构，可满足带宽 500～1400mm，倾角 0°～18°，围包角 190°～210°的多种形式的典型布置，并能与卸料漏斗配套使用。

01 机架：用于 0°～18°倾角的头部传动及头部卸料滚筒。选用时应标注角度。

02 机架：用于 0°～18°倾角的尾部改向滚筒或中间卸料的传动滚筒。

03 机架：用于 0°～18°倾角的头部探头滚筒或头部卸料传动滚筒，围包角小于或等于 180°。

04 机架：用于传动滚筒设在下分支的机架。可用于单滚筒传动，也可以用于双滚筒传动（两组机架配套使用）。围包角大于或等于 200°。

01、02 机架适于带宽 500～1400mm，03、04 机架适于带宽 800～1400mm。

以上机架适用于输送带强度范围：CC-56 棉帆布 3～8 层；NN-100～NN-300 尼龙带及 EP-100～EP-300 聚酯带 3～6 层。滚筒直径范围：500～1000mm。

中间架：用于安装托辊。标准长度为 6000mm，非标准长度为 3000～6000mm 及凸凹弧段中间架；支腿有Ⅰ型（无斜撑）、Ⅱ型（有斜撑）两种。中间架和中间架支腿全部采用螺栓连接，便于运输和安装。

7.2.11 电气及安全保护装置

安全保护装置是在输送机工作中出现故障能进行监测和报警的设备，可使输送机系统安全生产，正常运行，预防机械部分的损坏，保护操作人员的安全。此外，还便于集中控制和提高自动化水平。

DTⅡ型固定带式输送机第一阶段设计的功率范围：2.2～315kW。

拖动方式：37kW 以下采用 Y 系列笼型电动机加弹性联轴器直接启动；45～315kW 采用 Y 系列笼型电动机加液力耦合器（启动系数为 1.3～1.7 的带式输送机专用耦合器）。

电气设备的保护：主回路要求有电压、电流仪表指示器，并有断路、短路、过流（过载）、缺相、接地等项保护及声、光报警指示，指示器应灵敏、可靠。

安全保护和监测：应根据输送机输送工艺要求及系统或单机的工况进行选择，常用的保护和监测装置如下。

① 胶带跑偏监测。一般安装在输送机头部、尾部、中间及需要监测的点。轻度跑偏量

达 5%带宽时发出信号并报警。重度跑偏量达 10%带宽时延时动作，报警、正常停机。

②打滑监测。用于监视传动滚筒和输送带之间的线速度之差，并能报警、自动张紧输送带或正常停机。

③超速监测。用于下运工况。当带速达到规定带速的 115%～125%时，报警并紧急停机。

④沿线紧急停机用拉绳开关，沿输送机全长在机架的两侧每隔 60m 各安装一组开关，动作后自锁、报警、停机。

⑤其他料仓堵塞信号、纵向撕裂信号及拉紧、制动信号、测温信号等，可根据需要进行选择。

7.3　带式输送机的工作参数和选型计算

7.3.1　输送能力 I_V

带式输送机的最大生产能力是由输送带上物料的最大截面积、带速和设备倾斜系数决定的。按式（7-8）计算，即

$$I_V = Svk \tag{7-8}$$

或

$$I_m = Svk\rho \tag{7-9}$$

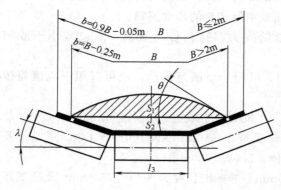

图 7-28　等长三辊槽形截面

式中　S——输送带上物料的最大横截面积，m^2，见图 7-28，或按式（7-10）～式（7-12）计算或参看表 7-13；

v——带速，m/s；

k——倾斜系数，可以按表 7-14 查取；

ρ——物料松散密度，kg/m^3。

$$S_1 = [l_3 + (b - l_3)\cos\lambda]^2 \frac{\tan\lambda}{6} \tag{7-10}$$

$$S_2 = \left[l_3 + \frac{(b - l_3)}{2}\cos\lambda\right]\left[\frac{(b - l_3)}{2}\sin\lambda\right] \tag{7-11}$$

$$S = S_1 + S_2 \tag{7-12}$$

式中　l_3——中辊长度（槽形三辊式），m；

λ——槽形承载托辊侧辊轴线与水平线间夹角，（°）；

b——有效带宽，m。

成件物品的输送能力为

$$I_m = \frac{Gv}{T} \tag{7-13}$$

式中　G——单件物品质量，kg；

T——物品在输送机上的间距，m；

v——带速，m/s。

每小时输送的件数为

$$n = 3600\frac{v}{T}$$

表 7-13 物料的最大横截面积 /m²

带宽/mm	堆积角	槽　角					
		20°	25°	30°	35°	40°	45°
500	0°	0.0098	0.0120	0.0139	0.0157	0.0173	0.0186
	10°	0.0142	0.0162	0.0180	0.0196	0.0210	0.0220
	20°	0.0187	0.0206	0.0222	0.0236	0.0247	0.0256
	30°	0.0234	0.0252	0.0266	0.0278	0.0287	0.0293
650	0°	0.0184	0.0224	0.0260	0.0294	0.0322	0.0347
	10°	0.0262	0.0299	0.0332	0.0362	0.0386	0.0407
	20°	0.0342	0.0377	0.0406	0.0433	0.0453	0.0469
	30°	0.0422	0.0459	0.0484	0.0507	0.0523	0.0534
800	0°	0.0279	0.0344	0.0402	0.0454	0.0500	0.0540
	10°	0.0405	0.0466	0.0518	0.0564	0.0603	0.0636
	20°	0.0535	0.0591	0.0638	0.0678	0.0710	0.0736
	30°	0.0671	0.0722	0.0763	0.0798	0.0822	0.0840
1000	0°	0.0478	0.0582	0.0677	0.0793	0.0838	0.0898
	10°	0.0674	0.0771	0.0857	0.0933	0.0998	0.1050
	20°	0.0876	0.0966	0.1040	0.1110	0.1160	0.1200
	30°	0.1090	0.1170	0.1240	0.1290	0.1340	0.1360

表 7-14 倾斜输送机面积折减系数（倾斜系数）k

倾角/(°)	2	4	6	8	10	12	14	16	18	20
k	1.00	0.99	0.98	0.97	0.95	0.93	0.91	0.89	0.85	0.81

7.3.2 圆周驱动力 F_u

传动滚筒上所需圆周驱动力 F_u 为所有阻力之和，可按式（7-14）、式（7-15）进行计算。

$$F_u = F_H + F_N + F_{S1} + F_{S2} + F_{St} \tag{7-14}$$

或

$$F_u = fLg[q_{RO} + q_{RU} + (2q_B + q_G)\cos\delta] + F_N + F_{S1} + F_{S2} + F_{St} \tag{7-15}$$

式中　F_H——主要阻力，N；

　　　F_N——附加阻力，N，见表 7-17；

　　　F_{St}——倾斜阻力，N，$F_{St} = q_G H_g$。

当输送机倾角 δ 小于 18°时，可选取 $\cos\delta \approx 1$。

对于长距离带式输送机（机长大于 80m），附加阻力明显小于主要阻力，可引入系数 C 来考虑阻力，它取决于输送机的长度，可按式（7-16）进行计算，即

$$F_u = CfLg[q_{RO} + q_{RU} + (2q_B + q_G)] + q_G H_g + F_{S1} + F_{S2} \tag{7-16}$$

式中　C——系数，按表 7-15 进行选取；

　　　f——模拟摩擦因数，根据工作条件及制造、安装水平选取，参见表 7-16；

　　　L——输送机长度（头、尾滚筒中心距），m；

　　　g——重力加速度，$g = 9.81 \text{m/s}^2$；

　　　q_{RO}——承载分支托辊每米长旋转部分质量，kg/m；

　　　q_{RU}——回程分支托辊每米长旋转部分质量，kg/m；

q_B——每米长输送带的质量，kg/m；

q_G——每米长输送物料的质量，kg/m；

F_{S1}——特种主要阻力，即托辊前倾摩擦阻力及导料槽摩擦阻力，N，见表7-18；

F_{S2}——特种附加阻力，即清扫器、卸料器及回程分支输送带的摩擦阻力，N，见表7-18。

表 7-15　系数 C（装料系数在 0.7~1.1 范围内）

L/m	40	63	80	100	150	200	300	400	500	600	700	800	1000	2000	5000
C	2.4	2.0	1.92	1.78	1.58	1.45	1.31	1.25	1.20	1.17	1.14	1.12	1.09	1.05	1.03

表 7-16　模拟摩擦因数 f（推荐值）

安 装 情 况	工 作 条 件	f
水平、向上倾斜及向下倾斜的电动工况	工作环境良好，制造、安装良好，带速低，物料内摩擦因数小	0.020
	按标准设计，制造、调整好，物料内摩擦因数中等	0.022
	多尘，低温，过载，高带速，安装不良，托辊质量差，物料内摩擦因数大	0.023~0.03
向下倾斜	设计、制造正常，处于发电工况时	0.012~0.016

表 7-17　附加阻力 F_N 及计算公式

阻力形式	计 算 公 式	公 式 说 明
在加料段、加速段输送物料和输送带间的惯性阻力及摩擦阻力 F_{bA}	$F_{bA} = I_V \rho (v - v_0)$	I_V——输送能力，mg/s； ρ——物料的松散密度，kg/m³； v——带速，m/s； v_0——在输送带运行方向上物料的输送速度分量，m/s
在加速段物料和导料挡板间的摩擦阻力 F_f	$F_f = \dfrac{\mu_2 I_V^2 \rho g l_b}{\left(\dfrac{v+v_0}{2}\right)^2 b_1^2}$	μ_2——0.5~0.7，物料与导料挡板间的摩擦因数； I_V——输送能力，mg/s； ρ——物料的松散密度，kg/m³； g——重力加速度，$g=9.81$m/s²； v——带速，m/s； v_0——在输送带运行方向上物料的输送速度分量，m/s； b_1——导料挡板内部宽度，m； l_b——加速段长度，$l_{b\,min} = (v^2 - v_0^2)/(2g\mu_1)$，m； μ_1——物料与输送带间的摩擦因数，取 0.5~0.7
输送带经过滚筒的弯曲阻力 F_1	各种帆布输送带 $F_1 = 9B\left(140 + 0.01\dfrac{F}{B}\right)\dfrac{d}{D}$	B——输送带宽度，m； F——滚筒上输送带平均张力，N； d——输送带厚度，m； D——滚筒直径，m
滚筒轴承阻力（传动滚筒的不计算）	$F_t = 0.005\dfrac{d_0}{D}F_T$	d_0——轴承内轴径，m； D——滚筒直径，m； F_T——作用于滚筒上的两个输送带张力和滚筒旋转部分质量的向量和，N

表 7-18 特种阻力 F_S 及计算公式

阻力形式	计算公式	公式说明
由于托辊前倾的阻力 F_ϵ	① 用三个等长度辊子的承载托辊 $F_\epsilon = C_\epsilon \mu_0 L_\epsilon (q_B + q_G) g \cos\delta \sin\epsilon$ ② 用两个辊子的空载托辊 $F_\epsilon = \mu_0 L_\epsilon q_B g \cos\lambda \cos\delta \sin\epsilon$	C_ϵ——槽形系数，30°槽角取 0.4，45°槽角取 0.5； μ_0——0.3～0.4，承载、回程托辊和输送带间的摩擦因数； L_ϵ——装有前倾托辊的设备长度，m； q_B——每米长输送带的质量，kg/m； q_G——每米长输送物料的质量，kg/m； g——重力加速度，$g=9.81\text{m/s}^2$； δ——设备在运动方向的倾斜角，(°)； ϵ——托辊轴线相对于垂直输送带纵向轴线的前倾角，(°)； λ——槽形承载托辊侧辊轴线与水平线间夹角，(°)
输送物料与导料挡板间的摩擦阻力 F_{gl}	$F_{gl} = \dfrac{\mu_2 I_V^2 \rho g l}{v^2 b_1^2}$	μ_2——物料与导料挡板间的摩擦因数，取 0.5～0.7； I_V——输送能力，mg/s； ρ——物料的松散密度，kg/m³； g——重力加速度，$g=9.81\text{m/s}^2$； l——装有导料挡板的设备长度，m； v——带速，m/s； b_1——导料挡板内部宽度，m
输送带清扫器的摩擦阻力 F_r	$F_r = AP\mu_3$	A——输送带和输送带清扫器的接触面积，m²； P——输送带清扫器和输送带间的压力，一般取 3×10^4～$10\times10^4\text{N/m}^2$； μ_3——输送带和输送带清扫器间的摩擦因数，0.5～0.7
犁式卸料器的摩擦阻力 F_a	$F_a = Bk_2$	B——输送带宽度，m； k_2——刮板系数，一般取 1500N/m

当倾角大于 18° 时输送机载荷 q_B、q_G 必须乘以 $\cos\delta$。

$$q_G = \frac{I_V \rho}{v} \tag{7-17}$$

式中　I_V——输送能力，mg/s；

ρ——物料的松散密度，kg/m³；

v——带速，m/s。

7.3.3 传动功率

传动功率计算公式为

$$P_A = F_u v \tag{7-18}$$

式中　P_A——传动滚筒轴所需功率，kW；

F_u——圆周驱动力，kN；

v——带速，m/s。

驱动电动机轴所需功率 P_M 为

$$P_M = \frac{P_A}{\eta_1} \text{（带式输送机所需正功率）} \tag{7-19}$$

$$P_M = P_A \eta_2 \quad \text{(反馈功率)} \tag{7-20}$$

式中，$\eta_1 = 0.78 \sim 0.95$，$\eta_2 = 0.95 \sim 1.0$。

7.3.4 输送带张力计算

输送带承受的张力在整个长度上是变化的，影响因素也很多。为保证输送机的正常运行，输送带的张力必须满足两个条件。

① 输送带的张力在任何负载情况下，作用到滚筒上的圆周力是通过摩擦传递到输送带上，而输送带与滚筒间应保证不打滑。

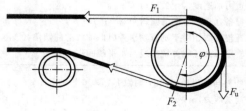

② 作用到输送带上的张力应足够大，使输送带在两组承载托辊间保持垂度小于一定值。圆周驱动力 F_u 通过摩擦传递到输送带上，如图 7-29 所示。为保证输送带工作时不打滑，需在回程带上保持最小张力 F_2，按式（7-21）进行计算，即

图 7-29 作用于输送带的张力

$$F_{2min} \geqslant F_{u\,max} \frac{1}{e^{\mu\varphi} - 1} \tag{7-21}$$

式中　$F_{u\,max}$——输送机满载启动时出现的最大圆周驱动力，N；

　　　μ——传动滚筒与输送带间的摩擦因数，见表 7-19；

　　　φ——传动滚筒的围包角，一般取 $2.8 \sim 4.2$（弧度），$160° \sim 240°$；

　　　$e^{\mu\varphi}$——尤拉系数。

表 7-19　传动滚筒和输送带之间的摩擦因数 μ

运行条件 ＼ 滚筒覆盖面	光滑裸露的钢滚筒	带人字形沟槽的橡胶覆盖面	带人字形沟槽的聚氨酯覆盖面	带人字形沟槽的陶瓷覆盖面
干态运行	$0.35 \sim 0.40$	$0.40 \sim 0.45$	$0.35 \sim 0.40$	$0.40 \sim 0.45$
清洁潮湿(有水)运行	0.10	0.35	0.35	$0.35 \sim 0.40$
污浊的湿态(泥浆、黏土)运行	$0.05 \sim 0.10$	$0.25 \sim 0.30$	0.20	0.35

7.3.5 输送带下垂度的限制

为了限制输送带在两组承载托辊间的下垂度，作用在输送带上任意一点的最小张力 F_{min}，需按式（7-22）、式（7-23）进行验算。

承载分支

$$F_{min} > \frac{a_0(q_B + q_G)g}{8(h/a)_{max}} \tag{7-22}$$

回程分支

$$F_{min} > \frac{a_u q_B g}{8(h/a)_{max}} \tag{7-23}$$

式中　a_0——输送机承载分支托辊间距，m；

　　　a_u——输送机回程分支托辊间距，m；

　　　g——重力加速度，$g = 9.81 \text{m/s}^2$；

　　　q_B——每米长输送带的质量，kg/m；

　　　q_G——每米长输送物料的质量，kg/m；

　　　h/a——输送带许用的最大下垂度，应满足 $h/a \approx 0.01$。

例题 7-1 原始参数及物料特性：某输煤系统利用带式输送机输送原煤，输送能力 $Q=600\text{t/h}$；松散密度 $\rho=900\text{kg/m}^3$；机长 $L=127.507\text{m}$；高差 $H=7.3\text{m}$（见图 7-30）。

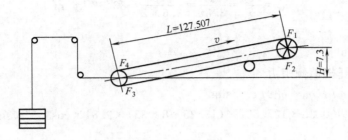

图 7-30 例题布置图

初定设计参数：带宽 $B=1000\text{mm}$，带速 $v=2\text{m/s}$，上托辊间距 $a_0=1.2\text{m}$，下托辊间距 $a_u=3\text{m}$，上托辊槽角 $\lambda=35°$、前倾 $2°$，下托辊槽角 $0°$，上托辊 $\phi108\text{mm}$，$L_1=380\text{mm}$，轴承 4G205，下托辊 $\phi108\text{mm}$，$L_2=1150\text{mm}$，轴承 4G205，单个上辊转动部分质量 $q_{RO}=4.07\text{kg}$，$n=3$，单个下辊转动部分质量 $q_{RU}=8.4\text{kg}$，$n=1$，导料槽长 4.5m。

试验算带式输送机的输送能力并估算电动机功率。

解 （1）由带速、带宽验算输送能力

由式（7-9）$I_m=Svk\rho$，kg/s

得 $$Q=3.6Svk\rho$$

① 由表 7-13，堆积角取为 $30°$ 时，查得 $S=0.129\text{m}^2$。

② 确定 k 值。

输送机的倾角 $$\delta=\arcsin\frac{H}{L}=\arcsin\frac{7.3}{127.507}=3.3°$$

由表 7-14 查得倾斜系数：$k=0.993$。

③ $I_m=Svk\rho=0.129\times2\times0.993\times900=230.6\ \text{kg/s}$。

小时输送量 $$Q=3.6I_m=830.2\ \text{t/h}$$

最大输送能力符合输送能力的要求。

（2）驱动力及所需传动功率估算

① 圆周驱动力 F_u。

由式（7-16）$F_u=CfLg[q_{RO}+q_{RU}+(2q_B+q_G)]+q_GH_g+F_{S1}+F_{S2}$

由表 7-15 查得系数 $C=1.68$。

由表 7-16 查得 $f=0.025$，则

$$q_{RO}=\frac{nq'_{RO}}{a_0}=\frac{3\times4.07}{1.2}=10.18\ \text{kg/m}$$

$$q_{RU}=\frac{nq'_{RU}}{a_u}=\frac{1\times8.4}{3}=2.8\ \text{kg/m}$$

② 计算 q_B。

初选输送带 NN-150，查表 7-3，$Z=5$ 层。

查表 7-7，上胶厚 3.0mm，下胶厚 1.5mm，则

$$q_B=13.25\ \text{kg/m}$$

③ 计算 q_G。

由式（7-17）得

$$q_G = \frac{I_v \rho}{v} = \frac{Q}{3.6v} = \frac{600}{3.6 \times 2} = 83.33 \ \text{kg/m}$$

④ 计算 F_{S1}。

$$F_{S1} = F_\varepsilon$$

由表 7-18 得托辊前倾阻力

$$F_\varepsilon = C_\varepsilon \mu_0 L_\varepsilon (q_B + q_G) g \cos\delta \sin\varepsilon$$
$$= 0.4 \times 0.35 \times 127.507 \times (13.25 + 83.33) \times 9.81 \times \cos 3.3° \times \sin 2° = 589.3 \ \text{N}$$

⑤ 计算 F_{S2}。

$$F_{S2} = F_r$$

由表 7-18 得输送带清扫器的摩擦阻力为

$$F_r = A P \mu_3 = 2 \times 0.01 \times 1 \times 6 \times 10^4 \times 0.6 = 720 \ \text{N}$$

将上述数值代入式（7-16）中得

$$F_u = 1.68 \times 0.025 \times 127.507 \times 9.81 \times (10.18 + 2.8 + 2 \times 13.25 + 83.33) +$$
$$83.33 \times 7.3 \times 9.81 + 589.3 + 720 = 13729 \ \text{N}$$

⑥ 传动功率计算。

由式（7-18）得

$$P_A = F_u v = 13729 \times 2 = 27458 \text{W} = 27.5 \ \text{kW}$$

由式（7-19）得

$$P_M = \frac{P_A}{\eta_1} = \frac{27.5}{0.85} = 32.4 \ \text{kW}$$

选配定型电动机产品，电动机功率取 37kW。

选取 B1000 型带式输送机能满足生产需要，计算得到电动机功率 32.4kW，选配定型电动机产品，电动机功率为 37kW，查找有关手册或生产厂家的产品介绍，确定其他传动系统各设备的规格型号。

思 考 题

1. 带式输送机的特点有哪些？

2. 带式输送机输送带有哪几种？输送带的连接方法有哪几种？

3. 带式输送机电动滚筒传动有哪些特点？

4. 如图 7-9 所示，为了避免输送带在驱动滚筒上打滑，驱动滚筒上允许的牵引力与包角有关，在其他条件不变的情况下，图 7-9（c）允许的牵引力是图 7-9（a）的多少倍？

5. 带式输送机托辊有哪几种？各自的作用是什么？

6. 带式输送机的拉紧装置有哪几种？各有什么特点？

7. 如何防止带式输送机输送带跑偏？

8. 带式输送机的卸料方式有哪几种？

9. 带式输送机的选型计算的步骤包括哪几步？

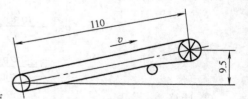

图 7-31 思考题 10 图

10. 某水泥厂，要求采用带式输送机输送石灰石，带布置如图 7-31 所示，机长 $L = 110 \text{m}$，高差 $H = 9.5 \text{m}$。输送量为 650t/h，堆积密度为 1.6t/m^3，物料休止角为 25°，初定设计参数参考例题，试验算带式输送机的输送能力并估算电动机功率。

8　螺旋输送机

　　螺旋输送机是常见的输送设备，它是一种没有挠性牵引构件的输送机。它依靠螺旋杆或螺旋桨的旋转推动物料沿着金属料槽移动。螺旋输送机的工作原理与传动螺杆相似，物料就相当于螺母。螺旋输送机金属料槽的有效流通断面较小，故不宜输送大块物料。一般适宜于输送各种粉状、粒状和小块状的物料。

　　螺旋输送机的优点是：构造简单，维修方便，造价较低，密封性较好，可以输送达200℃的热料，有搅拌、混合等作用，还可以在不同部位装料和卸料。

　　螺旋输送机的缺点是：对于物料有研碎作用，因而螺旋和料槽磨损严重，消耗驱动功率大，对于超载敏感，超载时易发生堵塞事故，不宜用于大块、磨琢性强、黏附性强的物料。输送距离一般不超过 35m。

8.1　螺旋输送机的构造

　　螺旋输送机的结构如图 8-1 所示。它主要由螺旋轴、料槽和驱动装置所组成。螺旋叶片6 固装在轴上，螺旋轴纵向装在料槽内。每节轴有一定长度，节与节之间联结处装有悬挂轴承 5。一般头节的螺旋轴与驱动装置连接，出料口 4 设在头节的槽底，进料口 7 设在尾节的盖上。物料由进料口装入，当电动机驱动螺旋轴转动时，物料由于自重及与槽壁间摩擦力的作用，不随同螺旋一起旋转，这样由螺旋轴旋转产生的轴向推动力就直接作用到物料上，使物料沿轴向滑动，物料被推到出料口处卸出。

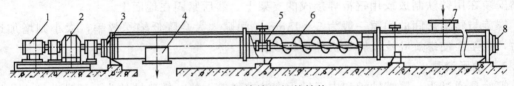

图 8-1　螺旋输送机的结构

1—电动机；2—减速器；3, 8—端部轴承；4—出料口；5—悬挂轴承；6—螺旋叶片；7—进料口

　　常见的螺旋输送机是 GX 系列和 LS 系列，与 GX 系列相比，LS 系列机型设计采用国际标准（等效采用 ISO 1050—75 标准）设计，设计制造符合专业标准；结构新颖，头、尾部轴承移至壳体外；中间悬挂轴承采用滚动、滑动可以互换的两种结构，均设防尘密封装置；出料端设有清扫装置；进料口、卸料口位置布置灵活；整机噪声低、适应性强、操作维修方便。LS 系列机型采用的密封件是尼龙和聚四氟乙烯树脂类，具有阻力小，密封、耐磨性好等特点；选用滑动瓦的轴瓦材料有铸铜瓦、合金耐磨铸铁、铜基石墨少油润滑瓦等几种供选择。

8.1.1　螺旋

　　螺旋由轴和装在轴上的叶片组成。轴有实心轴和空心管轴两种。在强度相同情况下，管轴较实心轴质量小、连接方便，故普遍采用。管轴用特厚无缝钢管制造，轴径一般在 50～100mm 之间，每根轴的长度一般在 3m 以下，以便逐段安装。

　　根据被输送物料性质的不同，螺旋有各种形式（见图 8-2）。当输送干燥小颗粒物料或

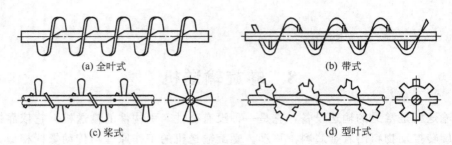

(a) 全叶式　　　　　　　　　　(b) 带式

(c) 桨式　　　　　　　　　　(d) 型叶式

图 8-2　螺旋形式

粉状物料时，宜采用全叶式螺旋［见图 8-2（a）］，当输送块状或黏滞物料时，宜采用带式螺旋［见图 8-2（b）］，当输送随动性和可压缩的物料时，宜采用桨式［见图 8-2（c）］或型叶式［见图 8-2（d）］螺旋。采用桨式或型叶式螺旋除了输送物料外，还兼有搅拌、混合及松散物料等作用。

　　叶片一般采用 3～8mm 厚的钢板冲压制成，焊接在转轴上。对于输送磨蚀性大和黏性大的物料，叶片用扁钢轧成或用铸铁铸成。

　　螺旋叶片有左旋和右旋之分，确定螺旋旋向的方法如图 8-3 所示。物料被推送方向由叶

图 8-3　确定螺旋旋向的方法

片的方向和螺旋的转向所决定。当螺旋轴向同一方向旋转时，若分别采用叶片左旋和叶片右旋输送物料，物料被推送的方向相反。

8.1.2　料槽

　　输送料槽由头节、中间节和尾节料槽用螺栓连接组成。每节料槽的标准长度为 1～3m，常用 3～6mm的钢板制成。料槽上部用可拆盖板封闭，料槽的上盖还设有观察孔，以观察物料输送情况。料槽安装在用铸铁制成或用钢板焊接成的支架上，然后紧固在地面上。

　　螺旋与料槽之间的间隙一般为 5～15mm。间隙太大会降低输送效率，太小则增加运行阻力，甚至会使螺旋叶片及轴等机件扭坏或折断。

8.1.3　轴承装置

　　螺旋是通过头、尾端轴承和中间轴承安装在料槽上的。螺旋轴的头、尾端分别由止推轴承和径向轴承支撑，止推轴承一般采用圆锥滚子轴承（见图 8-4），用以承受螺旋轴输送物料时的轴向力。设于头节端可使螺旋轴仅受拉力，这种受力状态比较有利。头节螺旋轴通过联轴器与止推轴承联结，止推轴承安装在槽端板上，它又是螺旋轴的支撑架。尾节装置与头节装置的主要区别在于尾节槽端板上安装双列向心球面轴承或滑动轴承，以取代止推轴承（见图 8-5）。轴承有良好的防尘密封装置。LS 系列的头、尾部轴承移至壳体外。

　　当螺旋输送机的长度超过 3～4m 时，除在槽端设轴承外，还要安装中间轴承，以承受

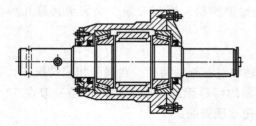

图 8-4　止推轴承装置

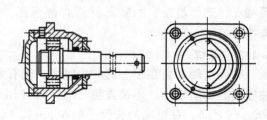

图 8-5　平轴承装置

螺旋轴的一部分重力和运转时所产生的力。中间轴承由上部悬置在横向板条上,板条则固定在料槽的凸缘或它的加固角钢上,因此称为悬挂轴承。悬挂轴承的结构形式很多,图 8-6 所示为常见的滑动悬挂轴承。LS 系列螺旋机的悬挂轴承分滚动悬挂轴承（M_1 制法）和滑动悬挂轴承（M_2 制法）,两种结构可以互换。输送物料温度小于或等于 80℃ 的一般采用 M_1 制法;输送物料温度大于 80℃ 或输送湿料时宜选用 M_2 制法。由于悬挂轴承处螺旋叶片中断,易使物料堆积,阻力增大。因此,悬挂轴承的尺寸应尽量紧凑,而且不能装得太密,一般每隔 2～3m 长安装一个悬挂轴承。

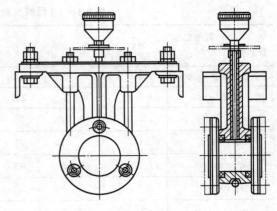

图 8-6　滑动悬挂轴承

一段螺旋的标准长度一般为 1～3m,因此需要将数段标准螺旋连接成一定长度。各段螺旋是用如图 8-6 所示的连接轴连接起来的。连接轴装在悬挂轴承上,以保证螺旋具有一定的同心度,并承受螺旋运转时产生的力。

连接轴和轴瓦是易磨损的零件,设计时应尽量使其结构简单、装卸方便,轴瓦多用耐磨铸铁制造,并应装设密封和润滑装置。LS 系列机型滑动轴瓦的材料有铸铜瓦、合金耐磨铸铁、铜基石墨少油润滑瓦等几种供选择。

8.1.4　进出料口

进料口开设在料槽的盖板上,出料口则开设在料槽的底部,有时沿长度方向开数个孔,以便在中间卸料,在进出料口处均配有闸门,在出料端有清扫装置,出料口中心线与机壳末端最小距离应大于 300mm。螺旋输送机有多种输送物料方向,可以灵活布置进出料的部位（见图 8-7）。

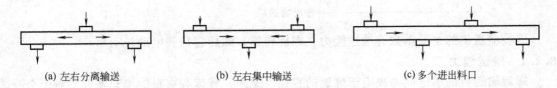

(a) 左右分离输送　　　　(b) 左右集中输送　　　　(c) 多个进出料口

图 8-7　螺旋输送机的布置形式

8.1.5　驱动装置

驱动装置包括电动机及减速器,两者之间用弹性联轴器连接,而减速器与螺旋轴之间常用浮动联轴器连接。在布置螺旋输送机时,最好将驱动装置及出料口同时装在头节,这样较为合理。GX 系列驱动方式分单端驱动和双端驱动两种。传动装置因采用减速器和减速电动机的种类不同而有多种形式。LS 型螺旋输送机采用针轮摆线齿轮减速电动机,也有单端驱动（C_1 制法）和双端驱动（C_2 制法）两种方式,螺旋机长度小于 35m 的按 C_1 制法,即单端驱动。

8.2　螺旋输送机的主要工作参数和选型计算

GX 系列螺旋直径从 150～600mm 共有 7 种规格,长度从 3～70m,每隔 0.5m 为一挡,由 1500mm、2000mm、2500mm 和 3000mm 4 种标准节组合。LS 型螺旋输送机的螺旋直径从 100～1250mm，共有 11 种规格，长度为 4～70m，每隔 0.5m 为一挡，选型时应符合标准公称长度，特殊需要时可在选配节中另行提出订货要求。LS 型螺旋输送机的规格、技术参数见表 8-1。

表 8-1　LS 型螺旋输送机的规格、技术参数

技术参数 ＼ 规格型号	100	160	200	250	315	400	500	630	800	1000	1250
螺旋直径/mm	100	160	200	250	315	400	500	630	800	1000	1250
螺距/mm	100	160	200	250	315	355	400	450	500	560	630
$r/\text{r}\cdot\text{min}^{-1}$	140	112	100	90	80	71	63	50	40	32	25
$Q/\text{t}\cdot\text{h}^{-1}$	2.2	7	13	22	31	62	98	140	200	280	380
$n/\text{r}\cdot\text{min}^{-1}$	112	90	80	71	63	56	50	40	32	25	20
$Q/\text{t}\cdot\text{h}^{-1}$	1.7	6	10	18	24	49	78	112	160	220	306
$n/\text{r}\cdot\text{min}^{-1}$	90	71	63	56	50	45	40	32	25	20	16
$Q/\text{t}\cdot\text{h}^{-1}$	1.4	5	8	14	19	39	62	90	126	176	245
$n/\text{r}\cdot\text{min}^{-1}$	71	50	50	45	40	36	32	25	20	16	13
$Q/\text{t}\cdot\text{h}^{-1}$	1.1	3.1	6.2	11	15.4	31	50	77	102	140	198

LS 型螺旋输送机的规格表示为

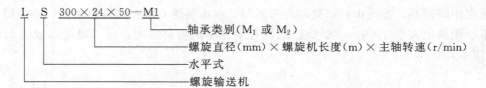

$$\begin{aligned} &\text{L S} \quad 300 \times 24 \times 50 - \text{M1} \\ &\qquad\qquad\qquad\qquad\qquad\quad \rightarrow \text{轴承类别}(\text{M}_1 \text{ 或 } \text{M}_2) \\ &\qquad\qquad\qquad\quad \rightarrow \text{螺旋直径(mm)} \times \text{螺旋机长度(m)} \times \text{主轴转速(r/min)} \\ &\qquad\qquad \rightarrow \text{水平式} \\ &\qquad \rightarrow \text{螺旋输送机} \end{aligned}$$

螺旋输送机的主要参数有输送能力、螺旋转速、螺旋直径和电动机功率。

8.2.1　输送能力

螺旋输送机的输送能力决定于螺旋的直径、螺距、转速和物料的填充系数。对于全叶式螺旋输送机的输送能力为

$$Q = \frac{\pi D}{4} S n \varphi \rho_s C \tag{8-1}$$

式中　Q——输送能力，t/h；

　　　φ——物料填充系数，物料性质不同，取值不同，物料易流动、粒度均匀，φ 一般取值较大；物料磨蚀性大，φ 一般取值较小，见表 8-2；

　　　S——螺旋机螺距，全叶式螺旋 $S=0.8D$，带式螺旋 $S=D$；

　　　ρ_s——物料密度，kg/m³，见表 8-2；

　　　n——转速，r/min；

　　　D——螺旋直径，m；

　　　C——倾斜系数，见表 8-3。

表 8-2 螺旋输送机的物料参数

物料粒度	物料的磨琢性	物料的典型例子	推荐的填充系数	推荐的螺旋叶片形式	K	K_L
粉状	无磨琢性半磨琢性	石墨、石灰粉、纯碱	0.35～0.40	全叶式	0.0415	75
粒状	磨琢性	水泥、矿渣、生料粉	0.25～0.30	全叶式	0.0565	35
	无磨琢性半磨琢性	锯木屑、泥煤、粒状食盐	0.25～0.35	全叶式	0.0490	50
	磨琢性	粒状炉渣、砂、型砂	0.25～0.30	全叶式	0.0600	30
小块料 $d<60mm$	无磨琢性半磨琢性	煤、石灰石	0.25～0.30	全叶式	0.0537	40
	磨琢性	卵石、砂岩、炉渣	0.20～0.25	全叶式或带式	0.0645	25
中、大块料 $d>60mm$	无磨琢性半磨琢性	块煤、块状石灰	0.20～0.25	全叶式或带式	0.0600	30
	磨琢性	干黏土、焦炭、矿石	0.125～0.20	全叶式或带式	0.0795	15

表 8-3 螺旋输送机的倾斜系数 C 值

输送倾角	0°	≤5°	≤10°	≤15°	≤20°
倾斜系数 C	1.00	0.90	0.80	0.70	0.65

8.2.2 螺旋转速

螺旋转速太低，则输送量不大，若转速过高，物料受过大的切向力而被抛起，输送能力降低，而且磨损增加。因此，螺旋轴转速不能超过某一极限。螺旋轴的极限转速可按如下经验公式计算，即

$$n_j = \frac{K_L}{\sqrt{D}} \tag{8-2}$$

式中　n_j——螺旋轴的极限转速，r/min；

　　　D——螺旋直径，m；

　　　K_L——物料综合特性系数，见表 8-2。

按式（8-2）计算的转速应圆整。LS 型螺旋输送机参照国际标准，按不同规格确定有 4 种转速（见表 8-1）推荐使用。

8.2.3 螺旋直径

最小螺旋直径取决于所要求的输送量及散料粒度的大小。已知输送量及物料特性，则螺旋直径可由式（8-1）、式（8-2）求得

$$D = K \sqrt[2.5]{\frac{Q}{\varphi \rho_s C}} \tag{8-3}$$

式中　D——螺旋直径，m；

　　　K——物料综合特性系数，见表 8-2；

　　　Q——输送能力，t/h；

　　　φ——物料填充系数，物料性质不同，取值不同，物料易流动、粒度均匀，φ 一般取值较大；物料磨蚀性大，φ 一般取值较小，见表 8-2；

ρ_s——物料密度，kg/m^3，见表 8-2；

　　C——倾斜系数，见表 8-3。

　　输送块粒状散料时，如果输送物料的块度较大，螺旋直径还应根据下式进行校核。

对于筛分过的物料　　　　　　　　$D \geqslant (4 \sim 6)d_{max}$

对于未筛分的物料　　　　　　　　$D \geqslant (8 \sim 10)d$

式中　d_{max}——被输送物料的最大块度，mm；

　　　　d——被输送物料的平均块度，mm。

　　如果根据输送物料的块度需选择较大的螺旋直径，则在维持输送量不变的情况下，选取较低的螺旋转数，以延长使用寿命。

　　按上述求得的螺旋直径应圆整为标准螺旋直径。GX 系列螺旋直径圆整为 150、200、250、300、400、500、600 七种规格（单位均为 mm），LS 系列螺旋直径圆整为 100、160、200、250、315、400、500、630、800、1000、1250 十一种规格（单位均为 mm）。

　　无论是螺旋直径还是螺旋转数经圆整后，其填充系数 φ 值可能不同于原来从表 8-2 中所选取的值，故还应按下式进行验算，即

$$\varphi = \frac{Q}{47D^2 n \rho_s SC} \tag{8-4}$$

式中　Q——输送能力，t/h；

　　　　D——螺旋直径，m；

　　　　n——转速，r/min；

　　　　ρ_s——物料密度，kg/m^3，见表 8-2；

　　　　S——螺旋机螺距，全叶式螺旋 $S = 0.8D$，带式螺旋 $S = D$；

　　　　C——倾斜系数，见表 8-3。

　　如验算出的 φ 值仍在表列所推荐的范围内，则表示圆整得合适；若 φ 值高于表列数值上限，则应加大螺旋直径；若 φ 值低于表列数值下限，则应降低螺旋转速。

8.2.4　电动机功率

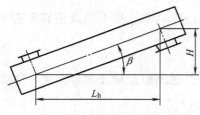

图 8-8　螺旋输送机功率计算简图

　　螺旋输送机所需功率用于克服以下阻力：物料对料槽以及螺旋的摩擦阻力；倾斜输送时，提升物料的阻力；物料的搅拌及部分被破碎的阻力；传动阻力等。上述各项阻力中，除了输送和提升物料的阻力可以精确计算外，其他阻力要逐项精确计算是困难的。一般认为，螺旋输送机的功率消耗与输送量及机长成正比，而把所有损失归入一个总系数内，即阻力系数 ζ。因此，如图 8-8 所示，螺旋轴所需功率可按下式计算，即

$$N_0 = \frac{Q(\zeta L_h + H)}{367} \tag{8-5}$$

式中　N_0——需用功率，kW；

　　　　Q——输送量，t/h；

　　　　ζ——运行阻力系数，见表 8-4；

L_h——输送水平投影长度，m；

H——螺旋倾斜高度，m。

表 8-4 部分散料的密度及运行阻力系数（总阻力系数 ζ）

物 料 特 性	物 料 名 称	ζ
无磨琢性干料	煤粉、面粉	1.2
无磨琢性湿料	生料	1.5
磨琢性较小物料	碎石膏、块煤、苏打	2.5
磨琢性较大物料	水泥、砂、卵石	3.2
强烈磨琢性或黏性物料	石灰、焦炭、炉灰、矿渣	4.0

电动机功率为

$$N_{电} = K \frac{N_0}{\eta} \tag{8-6}$$

式中　η——传动效率，取 $\eta = 0.90 \sim 0.94$；

　　　K——储备系数，取 $K = 1.2 \sim 1.4$。

根据计算的电动机功率，查找有关手册或厂家产品资料，选择定型的配套减速电动机或电动机。

例题 8-1　一水泥厂生料粉磨车间欲用螺旋输送机水平输送生料，生料的温度不超过 80℃，堆积密度 $\rho_s = 1.1 \text{kg/m}^3$，要求输送生料量 $Q = 60\text{t/h}$，输送水平长度 20m。计算螺旋输送机的规格及电动机功率。

解　（1）计算螺旋直径

查表 8-2，$\varphi = 0.25$，$K = 0.0565$，$K_L = 35$；采用全叶式螺旋 $S = 0.8D$，查表 8-3，$C = 1.0$。

根据式（8-3）得

$$D = K \sqrt[2.5]{\frac{Q}{\varphi \rho_s C}} = 0.0565 \times \sqrt[2.5]{\frac{60}{0.25 \times 1.1 \times 1.0}} = 0.487 \text{ m}$$

圆整为标准直径，$D = 0.5\text{m}$。

（2）计算螺旋轴的极限转数

按式（8-2）计算得

$$n_j = \frac{K_L}{\sqrt{D}} = \frac{35}{\sqrt{0.5}} = 49.5 \text{ r/min}$$

圆整为标准转速，取 $n_j = 50\text{r/min}$。

（3）核算填充系数

根据式（8-4）校验其填充系数，即

$$\varphi = \frac{Q}{47 D^2 n \rho_s S C} = \frac{60}{47 \times 0.5^2 \times 50 \times 1.1 \times 0.8 \times 0.5 \times 1} = 0.232$$

由于 φ 值低于推荐值，可减小螺旋轴的转数，取 $n_j = 40\text{r/min}$。重新校验 φ 值，即

$$\varphi = \frac{Q}{47 D^2 n \rho_s S C} = \frac{60}{47 \times 0.5^2 \times 40 \times 1.1 \times 0.8 \times 0.5 \times 1} = 0.290$$

φ 值在推荐范围内，因此可选 $\phi500\text{mm}$ 螺旋输送机，$D = 500\text{mm}$，$n_j = 40\text{r/min}$。

（4）计算电动机功率

由表 8-4 查得：$\zeta = 1.5$，根据式（8-5）计算螺旋输送机所需功率，即

$$N_0 = \frac{Q(\zeta L_h + H)}{367} = \frac{60 \times (1.5 \times 20 + 0)}{367} = 4.90 \text{ kW}$$

取 $K = 1.3$，取 $\eta = 0.92$，则有

$$N_电 = K \frac{N_0}{\eta} = 1.3 \times \frac{4.90}{0.92} = 6.92 \text{ kW}$$

选取 LS500 螺旋输送机能满足生产需要，计算得到电动机功率 6.92kW，根据此结果，查找有关手册或生产厂家的产品介绍，确定传动系统各设备的规格型号。

思　考　题

1. 螺旋输送机的优缺点有哪些？

2. LS 系列螺旋输送机与 GX 系列相比有哪些特点？

3. 螺旋输送机的螺旋有哪几种不同形式，与输送物料有什么关系？

4. 螺旋输送机的轴承有哪几种？各自的作用是什么？

5. 螺旋输送机的选型计算包括哪几步？

6. 确定螺旋输送机的螺旋直径要考虑哪些问题？

7. 某水泥厂水泥粉磨车间欲用螺旋输送机水平输送水泥，水泥的温度不超过 100℃，堆积密度 $\rho_s = 1.2\text{kg/m}^3$，要求输送生料量 $Q = 40\text{t/h}$，输送水平长度 18m。计算螺旋输送机的规格及电动机功率。

9 斗式提升机

9.1 斗式提升机的工作原理及分类

9.1.1 斗式提升机的工作原理

斗式提升机是一种应用极为广泛的垂直输送设备，它用于垂直输送散粒状物料和粉状物料，其结构简单，横截面的外形尺寸小，占用生产面积小，使运输系统布置紧凑，提升高度较大（一般可达 30～40m），具有良好的密封性等；但斗式提升机在使用中料斗及牵引构件容易磨损，同时对过载非常敏感。

图 9-1 所示为斗式提升机，它由牵引构件 1，连接于牵引构件上的料斗 2，驱动轮 3 及改向轮 4 等主要部分组成。

斗式提升机的所有运动部件一般都罩在机壳 5 里。机壳的上部与驱动装置 6 及驱动轮 3 组成提升机的顶节（机头）。机壳下部与拉紧装置 7、改向轮 4 组成提升机底节（机座）。机壳的中部由若干中间节连接而成。

为了防止运行时由于偶然原因（例如突然停电），产生牵引构件和料斗向运行方向的反向坠落，在传动装置上还设有逆止联轴器。

输送的物料从下部加料口 9 进入后，物料流入或被连续向上运动的料斗舀取，并把物料提升到上部，当料斗绕过上部滚轮时，物料就在重力和离心力的作用下向外抛出，经过卸料口 10 送到料仓或其他设备中。

提升机因此形成了一个闭合环路，其具有上升的有载分支和下降的无载回程分支。

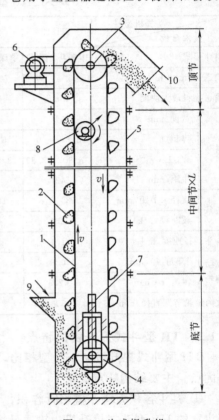

图 9-1 斗式提升机

1—牵引构件；2—料斗；3—驱动轮；4—改向轮；5—机壳；6—驱动装置；7—拉紧装置；8—中部导向装置；9—加料口；10—卸料口

目前 TH 型提升机系列提升高度已可达 40m 以上。国外有的提升机斗宽已达 1250mm，提升高度达 80m，输送量达 1000t/h。

9.1.2 斗式提升机的分类

斗式提升机的分类方法较多，主要有以下几种。

① 按卸料方式分为：离心式、重力式和混合式。

② 按装料方式分为：掏取式和流入式。

③ 按料斗的形式分为：深斗式（S 制法或 Sh 制法）、中深斗式（Zh 制法）、浅斗式（Q 制法）、圆弧斗式和尖斗式等。

④ 按牵引构件形式分为：带式（D 型）和链式。链式又有环链式（HL 型）、板链式（BL 型）等。它们的改进型分别为 TD 型、TH 型、TB 型。

⑤ 按工作特性分为：重型、中型和轻型。

⑥ 按料斗运动速度分为：快速提升机和慢速提升机。前者以离心式卸料，后者以重力式或混合式卸料。

在实际工厂中，较多采用 D 型、HL 型、BL 型和它们的改进型 TD 型、TH 型、TB 型。改进型的结构和斗形等方面都有改进，其中 TH 型常被选用，它的规格及主要技术参数见表 9-1。

表 9-1　TH 型斗式提升机规格及主要技术参数

技术参数	斗提机型号	TH315		TH400		TH500		TH630		TH800		TH1000	
料斗形式		中深斗	深斗	中深斗	深斗	中深斗	深斗	中深斗	深斗	中深斗	深斗	中深斗	深斗
输送量/m³·h⁻¹		45	70	70	110	80	125	125	200	150	240	240	360
输送物料最大块度		45mm		55mm		60mm		65mm		75mm		85mm	
料斗	宽度/mm	315		400		500		630		800		1000	
	容积/L	3.8	6	6	9.5	9.5	15	15	24	24	38	38	60
	a/i/L·m⁻¹	8.80	13.89	13.89	21.99	14.40	22.73	22.73	36.36	25.64	40.60	40.60	64.10
	斗距/mm	432		432		660		660		936		936	
链条	直径×节距/mm	18×378		18×378		22×594		22×594		26×858		26×858	
	破断拉力/kN	250		250		380		380		560		560	
料斗运行速度/m·s⁻¹		1.4		1.4		1.5		1.5		1.6		1.6	
驱动链轮	节圆直径/mm	630		630		800		800		1000		1000	
	转速/r·min⁻¹	42.5		42.5		35.8		35.8		30.5		30.5	
改向链轮节圆直径/mm		500		500		630		630		800		800	

9.1.3　TH 型斗式提升机的特点

TH 型斗式提升机与 HL 型相比，具有输送量大、提升高度高、运行平稳可靠、寿命长等优点。主要结构特点如下。

① 料斗容积为料斗盛水时容积，与实际填充量相近，加之料斗运行速度提高，比较相同斗宽的 HL 型斗式提升机，输送量增大近一倍。

② 上、下链轮采用组装式结构，由轮体与用高强度螺栓连接的轮缘组成。在链轮磨损到一定程度后，可方便更换轮缘，降低维修费用。

③下部采用重锤杠杆式张紧装置，可自动恒定地保持张紧力，避免链斗打滑或脱链，有利正常运转。

④ 传动装置有两种形式：一种是采用 ZJ 型轴装减速器与主动轮轴头直连，传动电动机固定于机壳，通过 V 带轮带动减速器传动，省去了提升机机头传动平台。这种形式称为 YZ 型传动装置；另一种采用 JZQ 型减速器传动，保留传动平台，称为 YJ 型传动装置。

⑤ 牵引件为低合金钢高强度圆环链，经热处理后具有很高的抗拉强度和耐磨性，因而使用寿命长。

⑥ TH 型斗式提升机料斗有两种：Zh 型为中深斗，Sh 型为深斗，一般适用于输送干燥

的、松散易于抛出的物料，如碎石、煤块、水泥生料、矿渣和水泥等。

本机型料斗为掏取式装料，混合或重力式卸料，适于输送堆积密度不大于 $1.5t/m^3$ 的小块粒、低磨琢性物料，物料温度不超过 250℃ 为宜。

TH 型圆环链斗式提升机产品规格以斗宽表示，例如

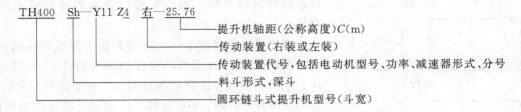

9.2 斗式提升机的构造

斗式提升机的构造如图 9-1 所示。它主要由牵引构件 1、固装在牵引构件上的料斗 2、驱动轮 3、改向轮 4、机壳 5、驱动装置 6、拉紧装置 7、中部导向装置 8、加料口 9 和卸料口 10 等组成。

9.2.1 牵引构件

斗式提升机常用的牵引件有带式和链式两种。

带式提升机（D 型）以胶带为牵引件，与带式输送机的胶带相同。选择的带宽应比料斗宽度大 30～40mm。胶带中织物的层数可按照带式输送机的计算方法来确定。但考虑到带上连接料斗时所穿孔会降低胶带的强度，因此应将按带式输送机验算胶带强度的安全系数增大 10% 左右。带式提升机构造简单、质量小、成本低、工作平稳无噪声，可采用较高的运行速度，因此具有较大的输送能力。

带式提升机主要缺点是料斗在带上的固定强度较弱。又因为带式提升机是靠摩擦力来传递牵引，需要有较大的初张力，因此它主要用于中小输送量（约 60～80m³/h 以内）和中等提升高度（在 25～40m 以内）、输送密度较小或中等的粉粒状物料，这些物料用掏取法装载时阻力较小。普通胶带输送物料温度不能超过 60℃，采用耐热胶带允许达 150～200℃。

链式提升机以链条为牵引件。链条通常是锻造环链和板链。

链式提升机由于链的强度较高，主要用于高生产率和大提升高度输送物料，而且不受被输送物料种类的限制，可用于输送密度大、磨蚀性强和大粒块的物料，也可用于提升潮湿物料或较热物料，物料温度可达 250℃。其缺点是链节之间由于进入灰尘而磨损严重，影响使用寿命，增加检修次数。

HL 型和 TH 型为环链斗式提升机。适于输送磨琢性较大的块粒状物料。

BL 型和 TB 型为板式套筒滚子链斗式提升机，简称板链斗式提升机。适于输送中等及大块易碎的和磨琢性的物料。

9.2.2 料斗及装料卸料

料斗是提升机的承载构件，按其形状分为圆斗和尖斗两种。尖斗又称三角斗或鳞斗，圆斗有深斗、中深斗和浅斗，料斗的形状如图 9-2 所示。

浅斗（Q 制法）和中深斗（Zh 制法）的前壁斜度大而深度小，因此适用于输送潮湿的、易结块和流散性差的物料，如湿砂、型砂、碱粉、石膏粉和黏土等。

深斗（S 制法或 Sh 制法）的前壁斜度小而深度大，因此适用于输送干燥的流散性好的

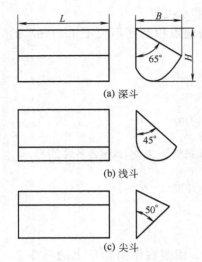

图 9-2 料斗的形状

散粒的物料，如水泥、碎煤块、干砂、石灰和碎石等。

尖斗的前壁外面带有两侧边，料斗在牵引构件上连续布置，以便卸料时，后面料斗的物料在重力作用下，倾倒在前面料斗的导槽中，沿斗背溜下卸出。这种料斗适用于低速运行的提升机，用于输送较重的磨蚀性较大的块状物料。

料斗通常用厚度 2～6mm 的钢板焊制或冲压而成。为了减小料斗边唇的磨损，常在边唇外焊上一块钢板。深斗、中深斗和浅斗底部都制成圆角，便于物料卸尽。

D 型和 TD 型、HL 型和 TH 型提升机多数采用圆斗，而 BL 型和 TB 型提升机一般采用尖斗。

斗式提升机装料的方式有掏取式 [见图 9-3（a）] 和流入式 [见图 9-3（b）] 两种。掏取式物料由加料口喂入，使其堆积在底座中，由料斗舀起。掏取式主要用于高速输送磨蚀性小、容易掏取的粉粒状的物料。料斗的运动速度可达 0.8～2m/s。流入式物料迎着上升的料斗直接注入。采用流入式时，加料口要高于下滚轮轴线，料斗应密接布置，而且运动速度较低（小于 1m/s），以使料斗充分装填。流入式主要用于磨蚀性大和大块的物料装载。

实际装载中往往是两种方式同时兼有，而以其中一种方式为主。

无论哪种装料方式，底部的物料高度最好都不高于下滚轮轴线。保持较低的物料高度，不但可使

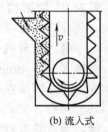

（a）掏取式　　（b）流入式

图 9-3 斗式提升机装料方式

提升机工作稳定，而且还可防止供料不均时造成提升机堵塞。此外，料斗过分地充满，在提升过程中物料容易洒回机座中。因此，料斗的填充率应小于 1。

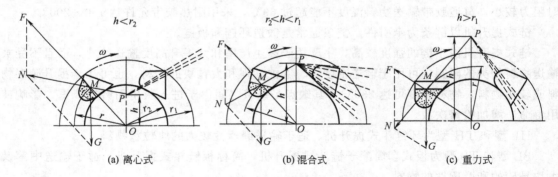

图 9-4 斗式提升机卸料方式

物料从料斗中卸出的方式有三种，离心式 [见图 9-4（a）]、重力式 [见图 9-4（c）] 和混合式 [见图 9-4（b）]。当料斗在直线区段等速上升时，物料只受到重力 G 的作用。当料斗绕驱动轮旋转时，料斗内物料除了受到重力作用外，还受到惯性离心力 F 的作用，即

$$G = mg$$

$$F = m\omega^2 r$$

式中　m——料斗内物料的质量，kg；

　　　　ω——料斗内物料重心处的角速度，rad/s；

　　　　r——回转半径，即料斗内物料的重心 M 到驱动轮中心 O 的距离；

　　　　g——重力加速度，$g=9.81\text{m/s}^2$。

重力和惯性离心力的合力 N 的大小和方向随着料斗的位置改变，但其作用线与驱动轮中心垂直线始终交于同一点 P，P 点称为极点。极点到回转中心的距离 $OP=h$ 称为极距。连 M 及 O 点得相似三角形 $\triangle MPO$ 和 $\triangle MFN$。从相似关系得

$$\frac{h}{r}=\frac{G}{F}=\frac{mg}{m\omega^2 r} \tag{9-1}$$

以 $\omega=\dfrac{\pi n}{30}$ 代入得

$$h=\frac{g}{\omega^2}=\frac{30^2 g}{\pi^2 n^2}=\frac{895}{n^2} \tag{9-2}$$

式中　n——驱动轮转速，r/min。

从上式可知，极距 h 只与驱动轮的转速有关，而与料斗在驱动轮上的位置及物料在斗内的位置无关。随着转速 n 的增大，极距 h 减小，惯性离心力增大，反之，当转速 n 减小，则极距 h 增大，惯性离心力减小。当驱动轮转速一定时，极距 h 为定值，极点也就固定了。

极点位置的不同，卸料方式不同的。设驱动轮半径为 r_2，料斗外缘半径为 r_1。当 $h<r_2$，即极点 P 位于驱动轮的圆周内时［见图 9-4（a）］，惯性离心力大于重力，料斗内的物料将沿着斗的外壁曲线抛出，这种卸料方式称为离心式卸料。常使用胶带作为牵引构件，料斗运动速度较高（1～5m/s），一般用于干燥和流动性好的粉粒状物料的卸料。为了使各个料斗抛出的物料不致互相干扰，各个料斗应保持一定的距离。

当 $h>r_1$，即极点 P 位于料斗外边缘的圆周之外时［见图 9-4（c）］，重力将大于惯性离心力，物料将沿料斗的内壁向下卸出。这种卸料方式称为重力式卸料。常使用链条作牵引构件，一般适用于连续密集布置的带导向槽的料斗，在低速下（0.4～0.8m/s）输送比较沉重、磨蚀性大及脆性的物料。

当 $r_2<h<r_1$，即极点位于两圆周之间时［见图 9-4（b）］，料斗内的物料同时按离心式和重力式的混合方式进行卸料。部分物料从料斗的外缘卸出，部分物料从料斗的内缘卸出，也即从料斗的整个物料表面卸出，这种卸料方式称为混合式卸料。常采用链条作牵引构件，适用于在中速下（0.6～1.5m/s）输送潮湿的、流动性较差的粉粒状物料。上部回程分支需向内偏斜，以免自由卸落的物料打在前一料斗的底部，以保证正常运转。

9.2.3　驱动装置

提升机的驱动轮都装设在上部卸料处，传动部分除减速器外，还配有齿轮或胶带轮等。

环链斗式提升机的驱动装置电动机通过 V 带轮和减速器减速后，带动驱动链轮回转。驱动链轮和环形链条之间是通过摩擦传动的，因此，链轮只有槽而无齿。链板提升机的驱动链轮与板链之间为啮合传动，因此链轮有齿。带式提升机的驱动轮为滚筒，一般采用钢板卷制，为了增加传动摩擦力，有时在滚筒外面覆上胶层。

为了防止提升机突然停车时逆转，在驱动装置上装设逆止联轴器。在重型提升机中，还采用电磁式制动器。

9.2.4　拉紧装置

拉紧装置装设在机罩下部，结构与带式输送机相同，有螺旋式、弹簧式和重锤式三种，

其中以螺旋式最常采用。

改向链轮与驱动链轮基本相同，改向滚筒则通常制成围栅形周边，以防夹粘物料。

拉紧装置安装在改向轮轴的轴承上，并连接在罩壳下部两侧壁的导槽内，可以上下移动。拉紧装置的行程一般在 200～500mm 范围之内。

9.2.5　机壳

提升机的运行部分和滚轮封闭在机壳内。机壳由上部顶节、中间节和下部底节构成。中间节可以是两个分支共用的，也可以每个分支各设一个罩壳制成分道机壳。

机壳一般用厚 2～4mm 的钢板焊成，并以角钢为骨架制成一定高度的标准段节，选型时必须符合标准段节的公称长度。底座罩壳形式应与底部物料装载情况相适应。上部罩壳的形状应与卸料曲线相适应，以使物料能完全卸入导出槽中。机壳的适当位置上设有检视门，机壳内设有中部导向装置，以防牵引料斗时产生过大的横向摆动。机壳必须密封，以防操作时扬尘。

9.3　斗式提升机的主要工作参数和选型计算

9.3.1　驱动轮的直径

驱动轮的直径一般是根据有关资料初步选择，然后再按料斗的装卸要求加以校验。

带式提升机驱动滚筒的直径需与选定的带织物层数相适合，以免带绕过滚筒时产生过大的内应力，一般取

$$D \geqslant (125 \sim 150)i \tag{9-3}$$

式中　i——带织物层数。

为了防止跑偏，滚筒一般制成鼓形轮，鼓形度为

$$\frac{D' - D}{L} = \frac{1}{50} \sim \frac{1}{30} \tag{9-4}$$

式中　D'——滚筒中部直径，m；

　　　D——滚筒两端直径，m；

　　　L——滚筒长度，m。

环链式提升机的链轮直径可按下式求出，即

$$D = 2\left(r - c - l - \frac{d}{2}\right) \tag{9-5}$$

式中　r——回转半径，即料斗内物料重心到驱动轮中心的距离，mm；

　　　c——料斗内物料重心与斗背间的距离，约为斗幅 A 的 1/3，即 $c \approx \frac{1}{3}A$，mm；

　　　l——链钩的长度，对于链节距 $t = 50$mm 的链钩，一般为 30mm；

　　　d——链环圆钢的直径，mm。

板链式提升机链轮直径可用下式计算，即

$$D = \frac{t}{\sin \dfrac{\pi}{Z}} \tag{9-6}$$

式中　t——链条的节距，mm；

124

Z——链轮的齿数，一般 $Z=16\sim20$，以取偶数为宜。

9.3.2 驱动轮转速

驱动轮的转速对物料的卸出方式影响很大。可根据式（9-2）进行估算，即

$$n=\frac{30}{\sqrt{h}} \qquad (9-7)$$

式中 h——极距，m。

根据不同的极距值可得到不同的卸料方式。带式提升机常取极距小于驱动轮半径，即 $h<r_2$，料斗运动速度较高，物料离心式卸料，驱动轮运动速度可达 5m/s，通常取 1~2m/s；板链式提升机常取极距大于料斗外接圆半径，即 $h>r_1$，料斗运动速度低，物料重力式卸料，驱动轮运动速度为 0.4~0.8m/s 左右；环链式提升机常取 $r_2<h<r_1$，物料混合式卸料，驱动轮速度在 0.6~1.25m/s 范围。

驱动轮的实际转速需根据输送物料的性质、粒度大小和装卸料方式来确定。

9.3.3 输送能力

斗式提升机的输送能力取决于线载荷和提升速度。线载荷可按下式计算，即

$$q=\frac{i}{a}\rho_\mathrm{s}\varphi \qquad (9-8)$$

式中 i——料斗容积，L；

a——料斗间距，m；

ρ_s——物料堆积密度，t/m³；

φ——料斗填充系数，与物料性质、粒度、装载方式、料斗和提升机的类型等有关，深斗可选取 0.6，浅斗可选取 0.4。

斗式提升机的输送能力为

$$Q=3.6qv=3.6\frac{i}{a}\rho_\mathrm{s}\varphi v \qquad (9-9)$$

式中 v——料斗运行速度，m/s；

i——料斗容积，L；

a——料斗间距，m；

ρ_s——物料堆积密度，t/m³；

φ——料斗填充系数。

9.3.4 料斗形式及尺寸

料斗的形式根据被输送物料的性质和装卸料方式来选择，而料斗的规格则由料斗形式及料斗线容积确定。由式（9-9）可得料斗线容积为

$$\frac{i}{a}=\frac{Q}{3.6v\rho_\mathrm{s}\varphi} \qquad (9-10)$$

根据计算所得 $\frac{i}{a}$ 的值，由表 9-1 可查得料斗的容积和间距，然后确定料斗的规格尺寸。

当输送块状物料时，尚需根据被输送物料的最大块度 $d_{\max}$ 对料斗口的尺寸进行验算，即

$$B \geqslant md_{\max} \tag{9-11}$$

式中 m——系数，根据物料中最大料块的质量含量由表 9-2 选定。

表 9-2 系数 m 值

最大料块的质量含量/%	<10	11~25	26~50	51~80	80~100
m 值	2.00	2.50	3.25	4.50	4.75

如果不能满足上述条件，则必须将料斗口的尺寸适当增大或更换型号。

9.3.5 驱动功率

斗式提升机所需功率取决于料斗运动时所克服的各种阻力，主要是掏取和提升物料阻力以及运行部分的阻力。可采用逐点计算法确定牵引构件的张力，与带式输送机计算功率的原理相同。

图 9-5 所示为斗式提升机张力计算，斗式提升机各点张力分别用 S_1、S_2、S_3 和 S_4 表示。空载分支的运行阻力为负值，故下部改向轮绕入点的张力 S_1 为最小，驱动轮绕入点的张力 S_3 为最大。为了保证提升机正常工作，最小张力 S_1 至少取 1000~2000N，对于提升高度大、输送能力大及物料线载荷大的提升机，S_1 应提高到 3000~4000N。

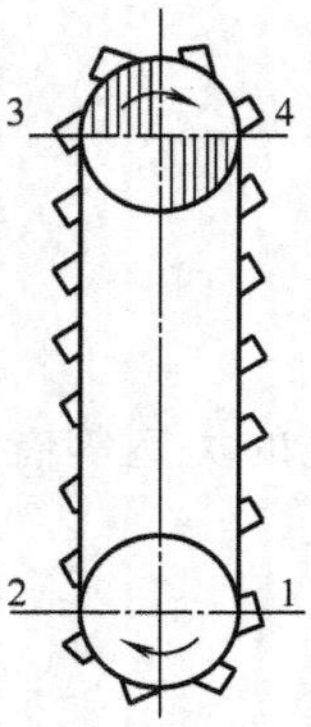

根据逐点计算法可得

$$S_2 = S_1 + W_{1-2} + W_0 \tag{9-12}$$

式中 S_1——最小张力，N；

W_{1-2}——改向轮阻力，$W_{1-2} = (0.05 \sim 0.07) S_1$，N；

W_0——掏取物料阻力，$W_0 = 10kq$，N；

k——阻力系数，$k = \dfrac{v^2}{2g}$；

v——提升速度，m/s；

g——重力加速度，$g = 9.81 \mathrm{m/s^2}$；

q——每米长度的物料质量，kg/m。

图 9-5 斗式提升机张力计算

$$S_3 = S_2 + W_{2-3} \tag{9-13}$$

式中 W_{2-3}——提升段阻力，$W_{2-3} = 10(q + q_0)H$，N；

q_0——每米长度内牵引构件和料斗的质量，kg/m；

H——提升高度，m。

$$S_4 = S_1 - W_{4-1} \tag{9-14}$$

式中 W_{4-1}——下降段阻力，$W_{4-1} = 10(q + q_0)H$，N。

对于带式牵引构件，还应满足尤拉公式，即

$$S_3 = S_4 e^{f\alpha} \tag{9-15}$$

式中 e——自然对数底，e = 2.718；

f——摩擦因数；

α——牵引构件在滚筒的包角。

对于链式提升机，稳定运动状态下的牵引构件的最大静张力 $S_{\max}$ 可用下式计算，即

$$S_{\max} = 11.5H(q + K_1 q_0) \tag{9-16}$$

式中　K_1——考虑到装有料斗的牵引构件的运动阻力，下部和上部滚轮上的弯折阻力以及掏取物料的阻力的系数，各种形式提升机的 K_1 近似值见表 9-3；

　　　q_0——每米长度内牵引构件和料斗的质量，$q_0 = K_2 Q$，kg/m；

　　　K_2——系数，可从表 9-3 查得；

　　　Q——输送能力，t/h；

　　　q——每米长度的物料质量，$q = \dfrac{Q}{3.6v}$；

　　　v——提升速度，m/s；

　　　H——提升高度，m。

表 9-3　系数 K_1、K_2 和 K_3 值

类型			带式		单链式		双链式	
			圆斗	尖斗	圆斗	尖斗	圆斗	尖斗
K_1 值			2.50	2.00	1.5	1.25	1.6	1.25
K_2 值	输送能力 $Q/\text{t} \cdot \text{h}^{-1}$	<10	0.60	—	1.1	—	—	—
		10~26	0.50	—	0.8	1.10	1.2	—
		25~60	0.45	0.60	0.6	0.83	1.0	—
		50~100	0.40	0.55	0.5	0.70	0.8	1.10
		>100	0.35	0.50	—	—	0.6	0.90
K_3 值			1.60	1.10	1.3	0.80	1.3	0.80

　　驱动轴上的牵引力为

$$P_0 = S_3 - S_4 + W_{3-4} \tag{9-17}$$

式中　W_{3-4}——绕过驱动轮的阻力，$W_{3-4} = (0.03 \sim 0.05)(S_3 + S_4)$，N。

　　驱动轮轴所需功率为

$$N_0 = \frac{P_0 v}{1000} \tag{9-18}$$

式中　v——提升速度，m/s。

　　对于垂直提升机驱动轴所需功率，当忽略驱动机构中的损耗时，亦可用下式近似求出，即

$$N_0 = \frac{1.15QH}{367} + \frac{K_3 q_0 Hv}{367} = \frac{QH}{367}(1.15 + K_2 K_3 v) \tag{9-19}$$

式中第一项为提升物料所消耗的能量并计入安全系数 1.15；第二项为运行部分的运动阻力。系数 K_2 及 K_3，可从表 9-3 查出。

　　电动机功率为

$$N = K \frac{N_0}{\eta} \tag{9-20}$$

式中　K——功率储备系数，当 $H < 10\text{m}$ 时，$K = 1.45$；$10\text{m} < H < 20\text{m}$ 时，$K = 1.25$；$H > 20\text{m}$ 时，$K = 1.15$；

　　　N_0——驱动轮轴功率，kW；

　　　η——总传动效率，对于减速器及 V 带传动的 $\eta = 0.90$。

根据计算的电动机功率，查找有关手册或厂家产品资料，选择定型的配套驱动装置。

例 9-1 某水泥厂水泥粉磨车间，要求采用斗式提升机垂直输送水泥，输送量为 50t/h，输送高度为 25m，水泥的堆积密度为 1.25t/m³。试选择斗式提升机的形式规格及电动机功率。

解 根据已知条件，选用 TH 型斗式提升机。根据物料性质，料斗采用深斗（Sh 制法），料斗填充系数取 0.6，提升机运行速度初取为 1.4m/s。按式（9-10）得

$$\frac{i}{a} = \frac{Q}{3.6 v \rho_s \varphi} = \frac{50}{3.6 \times 1.4 \times 1.25 \times 0.6} = 13.23 \text{ L/m}$$

查表 9-1，选取 TH315 型斗式提升机，料斗为深斗（Sh 制法），$\frac{i}{a} = 13.89$L/m，可满足要求。斗宽 $B = 315$mm，斗间距 $a = 432$mm，运行速度为 1.4m/s。

根据式（9-19）有

$$N_0 = \frac{1.15QH}{367} + \frac{K_3 q_0 H v}{367} = \frac{QH}{367}(1.15 + K_2 K_3 v)$$

$$= \frac{50 \times 25}{367} \times (1.15 + 0.8 \times 1.3 \times 1.4) = 8.88 \text{ kW}$$

电动机功率为

$$N = K \frac{N_0}{\eta} = 1.15 \times \frac{8.88}{0.9} = 11.35 \text{ kW}$$

选取 TH315 型斗式提升机能满足生产需要，计算得到电动机功率 11.35kW，根据此结果，查找有关手册或生产厂家的产品介绍，确定传动系统各设备的规格型号。

思 考 题

1. 斗式提升机的优缺点有哪些？

2. 斗式提升机有哪些分类方式？

3. TH 系列斗式提升机与 HL 系列相比有哪些特点？

4. 比较斗式提升机的不同牵引构件的特点。

5. 斗式提升机的装料方式和卸料方式各有哪几种？各有什么特点？

6. 斗式提升机的选型计算包括哪几步？

7. 确定斗式提升机料斗形状的要考虑哪些问题？

8. 某水泥厂生料粉磨车间，要求采用斗式提升机垂直输送生料细粉，输送量为 45t/h，输送高度为 20m，生料的堆积密度为 1.1t/m³。试选择斗式提升机的形式规格及电动机功率。

10 颗粒流体力学基本知识

10.1 颗粒流体力学概述

颗粒流体力学定义：颗粒流体力学是从力学角度研究固体颗粒与流体之间的相对运动。所涉及的流体可以是气体或液体，以气体为主。涉及的颗粒可以是固体颗粒以及含水量大的粒状料浆，以固体颗粒为主。

颗粒流体力学涉及的过程与应用如下。

① 气固系统的气固分离、颗粒分级过程，如选分机、收尘器等。

② 气固系统的颗粒悬浮流态化过程，如悬浮流态化物料的干燥、预热、分解、焙烧、冷却、输送等。

③ 液固系统的沉降与均化过程，如原料的提纯与分级机、泥浆均化器等。

研究颗粒流体力学的假定条件：在所研究的颗粒流体力学系统中，假定固体颗粒为球形物料；物料与环境器壁的距离 L 大，器壁对颗粒的运动影响小。实际系统需结合具体情况给予修正。

10.2 颗粒沉降过程及斯托克斯公式

10.2.1 颗粒在真空中的重力沉降

固体颗粒在真空中的重力沉降过程，只受重力作用无其他外力施加（如空气阻力、空气浮力、离心力、磁性力、电场力等），也没有器壁对其的影响。颗粒沉降速度 u 为

$$u = gt$$

颗粒在静止空气流体中及重力作用下做匀加速运动，沉降速度 u 随时间 t 变化。当粒径较大的固体颗粒（$d > 100\mu m$）在静止空气流体中重力沉降，虽然存在着空气流体的浮力和阻力的作用，但浮力和阻力很小，其沉降过程近似于真空中重力沉降，其沉降速度为 $u \approx gt$。

当然物料的密度也影响沉降速度，但一般所研究的无机非金属物料的密度 $\rho > 2000 kg/m^3$，相对空气的密度要大得多，故粗颗粒在空气中的重力沉降仍近似于真空重力沉降过程的匀加速沉降。

细小固体颗粒在静止气体中以及粗大颗粒在静止液体中的重力沉降，与颗粒的真空重力沉降过程偏差很大，本节就是研究讨论该方面的有关内容。

在工业生产及户外环境中，漂浮在空中的尘埃颗粒粒径比 $100\mu m$ 小得多，而 $d > 100\mu m$ 的颗粒会很快沉降至地面，不直接形成对环境大气的危害。

10.2.2 固体颗粒在静止流体中的重力沉降及斯托克斯公式

当 $d < 100\mu m$ 的颗粒在静止流体中重力沉降时，流体对其的浮力作用及阻力作用影响不可忽略。

假定颗粒为球形，颗粒之间以及颗粒与器壁之间的距离大，颗粒间无相互作用影响，颗粒在静止流体中沉降所受重力 f、流体浮力 f_b、流体阻力 f_d 的综合作用力为 F，则综合作用力为 F（向下方向为正）为

$$F = f - f_b - f_d \tag{10-1}$$

重力 f、流体浮力 f_b、流体阻力 f_d 可分别表示为

$$f = mg = V\rho_p g \tag{10-2}$$

$$f_b = \frac{mg\rho}{\rho_p} = V\rho g \tag{10-3}$$

$$f_d = \zeta \frac{A_p \rho u^2}{2} \tag{10-4}$$

式中　m——颗粒的质量，kg；

　　　V——颗粒体积，m^3；

　　　ρ_p——颗粒密度，kg/m^3；

　　　ρ——流体密度，kg/m^3；

　　　g——重力加速度，$g = 9.81m/s^2$；

　　　ζ——流体阻力系数；

　　　A_p——颗粒的水平投影面积，m^2；

　　　u——颗粒的重力沉降速度，即颗粒与流体的相对运动速度，m/s。

在外力 F 的作用下，颗粒沉降速度 u 的变化率（加速度）为 $\dfrac{du}{dt}$，即

$$\frac{F}{m} = \frac{du}{dt}$$

或

$$F = m\frac{du}{dt} \tag{10-5}$$

$$\frac{mdu}{dt} = f - f_b - f_d = V\rho_p g - V\rho g - \zeta\frac{A_p \rho u^2}{2}$$

$$\frac{mdu}{dt} = V(\rho_p - \rho)g - \zeta\frac{A_p \rho u^2}{2} \tag{10-6}$$

式（10-6）中，重力与浮力之差 $V(\rho_p - \rho)g$ 称为剩余重力，为一常量。颗粒沉降速度变化率 $\dfrac{du}{dt}$ 随沉降速度 u 的变化而改变。

颗粒沉降开始时，颗粒沉降速度 u 小，流体阻力 f_d 小，颗粒的 $\dfrac{du}{dt}$ 大。随颗粒进一步沉降，沉降速度 u 不断增大，流体阻力 f_d 也随之快速增加，当流体阻力 f_d 增加至与剩余重力 $V(\rho_p - \rho)g$ 相等时，此时

$$\frac{du}{dt} = 0 \tag{10-7}$$

此后，颗粒以 $\dfrac{du}{dt} = 0$ 时的速度等速沉降，该速度记为 u_0。

由上可知，颗粒沉降包括加速沉降阶段与等速沉降阶段。加速沉降阶段时间随颗粒粒径大小而变化，颗粒的粒径越小，其加速沉降阶段的时间就越短。通常，粒径细小的颗粒加速阶段的时间小于1s。故细小颗粒在静止空气流体中的重力沉降过程，可近似认为是等速沉降过程，即

$$u = u_0 \tag{10-8}$$

$$\frac{mdu}{dt} = V(\rho_p - \rho)g - \zeta\frac{A_p \rho u_0^2}{2} = 0 \tag{10-9}$$

则

$$V(\rho_p - \rho)g = \zeta\frac{A_p \rho u_0^2}{2}$$

$$u_0 = \sqrt{\frac{2V(\rho_p - \rho)g}{\zeta A_p \rho}} \qquad (10\text{-}10)$$

上式为斯托克斯公式的一种形式。因上述推导过程中假定颗粒为球形，将球形颗粒的体积 $V = \frac{\pi d_p^3}{6}$ 及水平投影面积 $A_p = \frac{\pi d_p^2}{4}$ 代入上式，可得

$$u_0 = \sqrt{\frac{2 \times 4\pi d_p^3 (\rho_p - \rho)g}{6\zeta \pi d_p^2 \rho}}$$

$$u_0 = \sqrt{\frac{4 d_p (\rho_p - \rho)g}{3\zeta \rho}} \qquad (10\text{-}11)$$

该等速沉降速度公式即为斯托克斯公式的另一种形式。由此公式可知，当阻力系数一定时，颗粒重力沉降速度 u_0 的高低，决定于颗粒粒径 d_p、颗粒的密度 ρ_p 与流体的密度 ρ 的数值的大小。

在静止空气中，对于粒径 d_p 为 $1\mu m$ 的水泥或石英等物料的微细颗粒，其重力沉降速度 $u_0 = 10^{-4} \text{m/s} = 0.1 \text{mm/s}$。如此小的沉降速度，空气分子的热运动对其的沉降过程就有很大影响，微细颗粒难于沉降至地面。

在室外的自然环境空气中，d_p 为 $1\mu m$ 的微细颗粒受环境气流的扰动作用，则会长期漂浮在空中。

10.2.3 斯托克斯公式的应用

① 已知某物料颗粒密度 ρ_p 与流体密度 ρ，由沉降速度 u_0 的不同，进而可确定该物料的颗粒粒径分布或进行颗粒分级，此为颗粒粒径分析仪、收尘器、选分机等设备的应用原理。

② 将不同物料构成的天然混合原料，加工为近似等大粒径的细小颗粒，采用特定的重介质流体处理此种混合原料，因物料的密度 ρ_p 不同其沉降速度 u_0 也不同，由此则可将不同密度的物料分离并收集，此为重介质选矿的应用原理。

10.3 颗粒沉降过程的阻力系数及沉降速度

10.3.1 颗粒雷诺数 Re_p

细小球形颗粒在静止流体中的沉降过程表现为等速沉降，颗粒与流体的相对运动速度为 u_0。阻力 $f_d = \zeta \frac{A_p \rho u_0^2}{2}$，投影面积 $A_p = \frac{\pi d_p^2}{4}$。

沉降过程的阻力系数 ζ 与颗粒的 ρ、d_p、u_0 及流体的黏度 μ 相关，类似于流体力学中的阻力系数决定于雷诺数，对于颗粒在流体中的沉降过程而提出了颗粒雷诺数 Re_p，表达式为

$$Re_p = \frac{d_p \rho u_0}{\mu} \qquad (10\text{-}12)$$

颗粒沉降过程的阻力系数 ζ，可以表示为颗粒雷诺数 Re_p 的函数，即

$$\zeta = \psi(Re_p) = \psi\left(\frac{d_p \rho u_0}{\mu}\right) \qquad (10\text{-}13)$$

图 10-1 所示为颗粒沉降过程的阻力系数 ζ

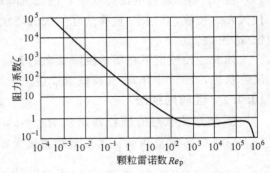

图 10-1 球形颗粒 ζ 与 Re_p 的关系

与颗粒雷诺数 Re_p 的关系。

10.3.2 颗粒与流体各运动状态时的阻力系数 ζ

① 层流状态。$Re_p<1$（生产最常见此状态）

$$\zeta=\frac{24}{Re_p} \tag{10-14}$$

② 过渡流状态。$1<Re_p<1000$

$$\zeta=24\times\frac{1+0.15Re_p^{0.687}}{Re_p} \tag{10-15}$$

或

$$\zeta=\frac{24}{Re_p}+\frac{3}{16}$$

亦或

$$\zeta=\frac{30}{Re_p^{0.625}} \tag{10-16}$$

③ 湍流状态。$1000<Re_p<2\times10^5$

$$\zeta\approx0.44 \tag{10-17}$$

④ 高湍流状态。$Re_p>2\times10^5$（极少见此状态）

$$\zeta=0.1 \tag{10-18}$$

10.3.3 颗粒与流体相对运动各状态时的沉降速度 u_0

将上述各流体状态的阻力系数 ζ 分别带入式（10-11）中，则可得到层流状态、过渡流状态及湍流状态时颗粒在流体中的沉降速度 u_0。

① 层流状态。$Re_p<1$

$$u_0=\frac{d_p^2(\rho_p-\rho)g}{18\mu} \tag{10-19}$$

上式为斯托克斯公式的另一种形式。

② 过渡流状态。$1<Re_p<1000$

$$u_0=0.104\times\left[\frac{(\rho_p-\rho)g}{\rho}\right]^{0.73}d_p^{1.18}\left(\frac{\mu}{\rho}\right)^{-0.45} \tag{10-20}$$

③ 湍流状态。$1000<Re_p<2\times10^5$

$$u_0=1.74\times\left[\frac{(\rho_p-\rho)gd_p}{\rho}\right]^{0.5} \tag{10-21}$$

10.4 颗粒沉降速度的计算方法

10.4.1 尝试法

由 d_p 初选颗粒的沉降状态，按此沉降状态的公式计算出 u_0，将 u_0 计算值及 d_p、ρ、μ 代入 Re_p 校核，如 Re_p 校核值在所选沉降状态的 Re_p 范围内，则初选的沉降状态合适，计算值 u_0 正确。

如 Re_p 校核值不在所选沉降状态的 Re_p 范围内，则初选状态不合适，需重新选择颗粒的沉降状态，再行计算 u_0 及校核 Re_p 值。

10.4.2 区间判别法

① 将层流状态的颗粒雷诺数 $Re_p=d_p\rho u_0/\mu=1$，与层流状态的沉降速度公式 $u_0=d_p^2(\rho_p-\rho)g/18\mu$ 联立求解，得层流状态最大颗粒粒径 d_p'。

$$d_p'=2.62\times\left[\frac{\mu^2}{(\rho_p-\rho)\rho g}\right]^{1/3} \tag{10-22}$$

② 将湍流状态的雷诺数下限 $Re_p = d_p \rho u_0 / \mu = 1000$，与湍流区的沉降速度公式 $u_0 = 1.74$ $[(\rho_p - \rho) g d_p / \rho]^{0.5}$ 联立求解，得湍流状态的最小颗粒粒径 d_p''。

$$d_p'' = 69 \times \left[\frac{\mu^2}{(\rho_p - \rho) \rho g} \right]^{1/3} \tag{10-23}$$

③ 区间判别计算 u_0。若已知颗粒沉降系统中的颗粒粒径 d_p、颗粒密度 ρ_p、流体密度 ρ、流体黏度 μ，可由 ρ_p、ρ、μ 计算出层流状态最大颗粒粒径 d_p'，及湍流状态的最小颗粒粒径 d_p''，比较 d_p'、d_p'' 与 d_p 的相对大小，即可按相应的颗粒与流体运动状态区间的公式计算颗粒的沉降速度 u_0。

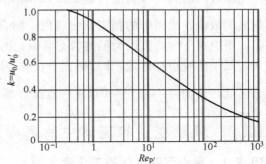

$d_p < d_p'$ 时，按层流状态计算 u_0；

$d_p > d_p''$ 时，按湍流状态计算 u_0；

$d_p' < d_p < d_p''$ 时，按过渡流状态计算 u_0。

10.4.3　图线修正法

先按层流状态计算出颗粒的沉降速度 u_0'，再由计算值 u_0' 及颗粒粒径 d_p 以及流体介质的密度 ρ、黏度 μ 计算出 $Re_{p'}$。从图 10-2 所示的

图 10-2　颗粒沉降速度的修正系数

颗粒沉降速度的修正系数中，由 $Re_{p'}$ 值查得修正系数 k 的数值，根据公式 $k = \dfrac{u_0}{u_0'}$，即可计算出颗粒实际沉降状态的 u_0，即

$$u_0 = k u_0' \tag{10-24}$$

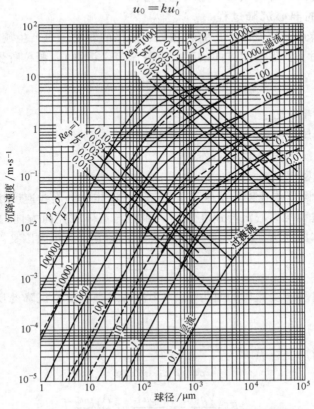

图 10-3　颗粒自由沉降速度与球粒直径的关系曲线

10.4.4 图解法

图 10-3 所示为颗粒自由沉降速度与球粒直径的关系曲线。由颗粒沉降系统已知的 d_p、ρ_p、ρ、μ 及简单的计算后，再根据颗粒的粒径与其沉降速度的关系曲线图，可确定颗粒沉降系统的状态区域及所对应的曲线，由颗粒的粒径 d_p 即可由图中曲线查得相应的沉降速度 u_0。

图解法的具体步骤为：首先由已知的 ρ_p、ρ、μ 计算出 $\frac{\rho_p-\rho}{\mu}$、$\frac{\rho_p-\rho}{\rho}$ 及 $\frac{\mu}{\rho}$ 的数值，由计算出的数值找出图中的相应曲线线段，结合颗粒粒径 d_p，即可由图中查得相应的沉降速度 u_0。图中左下方的直线为层流状态区域，图中右上方的直线为湍流状态区域。

图中曲线中部区域，即 $Re_p=1$ 直线区域与 $Re_p=1000$ 直线区域之间的曲线区为过渡状态区域，借助 $\frac{\rho_p-\rho}{\mu}$、$\frac{\rho_p-\rho}{\rho}$ 以及 $\frac{\mu}{\rho}$ 直线，即可确定过渡状态区域的 u_0。

10.5 颗粒在旋转流体中的离心沉降

10.5.1 离心沉降过程的工业意义

在硅酸盐工业生产过程的某些加工环节中，固体物料的颗粒粒径细小，在静止流体中颗粒的重力沉降速度太低，难于达到工业生产快速有效的工艺要求。

例如物料的提纯（水力旋流器）、颗粒的分级（选分机）、颗粒从流体中的分离（收尘器）等生产过程，需要颗粒具有较高的沉降速度才能获得高的生产效率。采用离心沉降方式是提高颗粒沉降速度的一种有效易行的工艺方法。

10.5.2 固体颗粒的离心沉降过程

固体颗粒在旋转运动的流体中，颗粒在旋转流体的驱动下也产生旋转运动，旋转运动的颗粒在离心力的作用下发生径向方向的离心沉降（广义沉降）。颗粒所受离心力 f_c 为

$$f_c=mr\omega^2=\frac{mu_t^2}{r}=\frac{V\rho_p u_t^2}{r} \tag{10-25}$$

式中 m——颗粒质量，kg；

$\quad\quad r$——颗粒的旋转半径，m；

$\quad\quad \omega$——颗粒的旋转角速度，rad/s；

$\quad\quad \rho_p$——颗粒的密度，g/cm³；

$\quad\quad u_t$——颗粒的圆周线速度，m/s，其值与旋转流体的圆周线速度相等。

颗粒离心沉降过程的离心沉降速度为 u_c（颗粒与流体在径向方向的相对速度），颗粒离心沉降过程所受流体的浮力 f_{bc}（与颗粒离心沉降相反方向的径向广义浮力）为

$$f_{bc}=\frac{V\rho u_t^2}{r} \tag{10-26}$$

颗粒离心沉降过程所受流体的阻力 f_{dc}（为流体对颗粒离心沉降的反向阻力）为

$$f_{dc}=\zeta\frac{A_p\rho u_c^2}{2} \tag{10-27}$$

颗粒离心沉降时所受合力 F 为

$$F=f_c-f_{bc}-f_{dc} \tag{10-28}$$

$$F=\frac{V\rho_p u_t^2}{r}-\frac{V\rho u_t^2}{r}-\zeta\frac{A_p\rho u_c^2}{2} \tag{10-29}$$

10.5.3　离心沉降速度

与重力沉降过程的公式推导相似，在离心力的作用下，固体颗粒在旋转流体中的离心沉降过程也有加速和等速阶段，加速离心沉降阶段时间很短，就进入等速沉降阶段。

在等速沉降阶段时，颗粒的离心沉降速度变化率 $\dfrac{\mathrm{d}u_c}{\mathrm{d}t}=0$，颗粒所受合力 $F=0$。此时的离心沉降速度记为 u_{0c}。

等速离心沉降状态时颗粒所受剩余离心力与流体对颗粒离心沉降的阻力达到平衡，即

$$\frac{V(\rho_p-\rho)u_t^2}{r}=\zeta\frac{A_p\rho u_{0c}^2}{2} \tag{10-30}$$

颗粒为球形颗粒，就有

$$\frac{\pi d_p^2(\rho_p-\rho)u_t^2}{6r}=\zeta\frac{\pi d_p^2\rho u_{0c}^2}{8}$$

颗粒的离心沉降速度 u_{0c} 为

$$u_{0c}=\sqrt{\frac{4d_p(\rho_p-\rho)u_t^2}{3\zeta r\rho}} \tag{10-31}$$

比较式（10-11）与式（10-31），颗粒的重力沉降速度与离心沉降速度的差别是以离心加速度 $\dfrac{u_t^2}{r}$ 取代了重力加速度 g。在旋风收尘器中，通过控制旋风收尘器的半径尺寸及气流的圆周线速度，可以使旋转气流中的颗粒获得相当大的离心加速度，其值远比重力沉降时的重力加速度大得多。相应地，颗粒在旋转气流中的离心沉降速度也比在静止气体中的重力沉降速度要大得多，因此旋风收尘器能将含尘气体中的细小固体尘粒从气流中快速有效地分离出来。

10.6　颗粒在水平流体中的运动

处于水平运动流体中的固体颗粒，颗粒存在两个方向的运动：受水平流体作用产生与流体同向的水平横向运动；同时颗粒受重力作用产生向下的重力沉降运动。

10.6.1　颗粒的水平方向运动

若流体相对空间以匀速 u_f 做水平运动，处于流体中的固体颗粒相对空间以速度 u_p 做水平方向的运动，固体颗粒与流体在水平方向的相对运动速度 u 为

$$u=u_f-u_p \tag{10-32}$$

水平运动流体对颗粒的作用力为 f_d（即流体与颗粒之间的摩擦力）

$$f_d=\zeta\frac{A_p\rho\ (u_f-u_p)^2}{2} \tag{10-33}$$

式中　ζ——阻力系数；

　　A_p——颗粒在水平方向的投影面积，m^2；

　　ρ——流体密度，$\mathrm{kg/m}^3$。

颗粒的水平运动方程为

$$f_d=m\frac{\mathrm{d}u_p}{\mathrm{d}t}=\zeta\frac{A_p\rho(u_f-u_p)^2}{2} \tag{10-34}$$

颗粒的水平运动过程可描述为：静止的颗粒在速度为 u_f 的水平匀速运动流体的摩擦推动作用下，开始做水平加速运动，颗粒水平运动速度 u_p 逐步提高。经历很短时间后，颗粒

的水平运动速度接近或达到了流体的水平运动速度。此时，颗粒与流体的速度之差 $u_f - u_p = 0$，$\dfrac{du_p}{dt} = 0$，则 $f_d = 0$，即颗粒进入水平匀速运动状态，颗粒与流体运动速度相同，即

$$u_p = u_f \tag{10-35}$$

经时间 t 后，水平流动流体中颗粒的水平方向运行距离 L 为

$$L = u_f t \tag{10-36}$$

10.6.2 颗粒的垂直方向运动

水平流动流体中颗粒进行水平运动的同时，还受重力的作用进行着垂直方向的向下运动，颗粒在垂直方向的向下运动可视为颗粒在静止流体中的重力沉降（不受水平方向运动的影响），颗粒是以等速 u_0 向下沉降。

经时间 t 后，水平流动流体中颗粒的向下沉降高度 H 为

$$H = u_0 t \tag{10-37}$$

讨论研究水平流体中颗粒的运动状况，对于收尘器、气力输送设备及选分设备的工作过程分析，以及设备工作参数的确定是必要的。

10.7 颗粒在垂直上升流体中的运动

10.7.1 颗粒在垂直上升流体中的运动

在大直径的垂直气流管道内，处于垂直上升流体中的颗粒所受作用力有：颗粒的自身重力 f、颗粒所受流体介质的浮力 f_b、流体介质与颗粒相对运动时流体对颗粒的摩擦阻力 f_d。

若流体相对空间以匀速 u_f 垂直向上运动，颗粒在重力作用下相对空间以速度 u_p 向下运动，若规定向下运动的方向为正向，颗粒相对垂直上升流体的运动速度 u 为

$$u = u_p - (-u_f) \tag{10-38}$$

即

$$u = u_p + u_f \tag{10-39}$$

颗粒在垂直上升流体中，颗粒的自身重力 f、颗粒所受流体介质的浮力 f_b、流体介质与颗粒相对运动时流体对颗粒的摩擦阻力 f_d 及颗粒所受各力的合力 F 分别为

$$f = V\rho_p g \tag{10-40}$$

$$f_b = V\rho g \tag{10-41}$$

$$f_d = \zeta \frac{A_p \rho u^2}{2} \tag{10-42}$$

颗粒所受合力 F 为

$$F = f - f_b - f_d = m\frac{du_p}{dt} \tag{10-43}$$

$$m\frac{du_p}{dt} = V\rho_p g - V\rho g - \zeta\frac{A_p \rho u^2}{2}$$

$$= V(\rho_p - \rho)g - \zeta\frac{A_p \rho u^2}{2}$$

若颗粒为球形颗粒，其 $V = \dfrac{\pi d_p^3}{6}$、$A_p = \dfrac{\pi d_p^2}{4}$、$m = V\rho_p = \dfrac{\rho_p \pi d_p^3}{6}$ 代入上式，可得

$$m\frac{du_p}{dt} = \frac{\pi}{6}d_p^3(\rho_p - \rho)g - \zeta\frac{\pi}{4}d_p^2\rho\frac{u^2}{2} \tag{10-44}$$

$$\frac{du_p}{dt} = \frac{\rho_p - \rho}{\rho_p}g\left[1 - \frac{3\rho\zeta u^2}{4d_p(\rho_p - \rho)g}\right] \tag{10-45}$$

因为
$$u_0 = \sqrt{\frac{4d_p(\rho_p - \rho)g}{3\varepsilon\rho}}$$
(10-46)

就有
$$\frac{du_p}{dt} = \frac{\rho_p - \rho}{\rho_p}g\left(1 - \frac{u^2}{u_0^2}\right)$$
(10-47)

由 $u = u_p + u_f$，则
$$\frac{du}{dt} = \frac{d(u_p + u_f)}{dt}$$
(10-48)

因垂直上升气流速度 u_f 是定值，就有
$$\frac{du}{dt} = \frac{du_p}{dt}$$
(10-49)

垂直上升气流作用于颗粒，颗粒经较短时间的加速运动过程后，就会达到其所受剩余重力 $f - f_b$ 与流体对其的摩擦阻力 f_d 相等的状态。此后，依垂直向上匀速气流 u_f 值的大小，颗粒或者匀速向上运动、或者匀速向下运动、或者悬浮不动。此时有
$$\frac{du_p}{dt} = \frac{du}{dt} = 0$$
(10-50)

由式（10-47）就有
$$1 - \frac{u^2}{u_0^2} = 0$$
(10-51)

即
$$u = u_0$$
(10-52)

此时颗粒与流体的相对运动速度 u，数值上等于颗粒在静止流体中的重力沉降速 u_0。

10.7.2　颗粒在垂直上升流体中的沉降方向判据

颗粒在垂直上升流体中达到其所受剩余重力 $f - f_b$ 与流体对其的摩擦阻力 f_d 相等的状态时 $u = u_0$，由 $u = u_p + u_f$，则有
$$u_0 = u_p + u_f$$
(10-53)

或
$$u_p = u_0 - u_f$$
(10-54)

由此，则可给出颗粒在垂直上升流体中的沉降方向判据如下。

当 $u_f = u_0$ 值时，颗粒悬浮不动，即
$$u_p = 0$$
(10-55)

当 $u_f > u_0$ 值时，颗粒向上沉降，即
$$u_p < 0$$
(10-56)

当 $u_f < u_0$ 值时，颗粒向下沉降，即
$$u_p > 0$$
(10-57)

在垂直上升气流中，颗粒处于悬浮不动状态时的气流速度 u_f 称为颗粒的悬浮速度，其值等于颗粒在静止流体中的沉降速度 u_0。颗粒在垂直上升流体中的沉降方向判据及悬浮速度，可应用于收尘器、粉粒料的气流输送设备及选分设备的工作过程分析，以及设备工作参数的确定。

思　考　题

1. 颗粒在静止流体中沉降过程分析。
2. 斯托克斯公式及其应用。

3. 颗粒雷诺数及各沉降状态区域的阻力系数。

4. 颗粒沉降速度的计算确定方法。

5. 颗粒在旋转气流中的离心沉降过程分析。

6. 颗粒的离心沉降速度与重力沉降速度的比较。

7. 颗粒在水平流体中的水平运动速度、水平运动距离及沉降高度。

8. 颗粒在垂直上升流体中的悬浮速度及颗粒沉降方向判据。

11 旋风收尘器

11.1 旋风收尘器的构造及工作原理

11.1.1 旋风收尘器的构造

旋风收尘器的结构如图 11-1 所示，由进气管、排气管、直筒体、锥筒体、灰斗、阻断卸料器等构成。用金属通风管道将其与风机连接，就构成了旋风收尘系统，启动风机后旋风收尘器就可以进行收尘工作了。

11.1.2 旋风收尘器的工作原理

旋风收尘器的工作原理：含尘气体以 $15\sim25\text{m/s}$ 的速度 u_f 由进气管进入收尘器直筒体，进入的气流受筒体内壁的约束，旋转向下运动，气流圆周线速度 u_t 接近于气流的进入速度 u_f。

灰尘颗粒在气流的推动下随气流同速回转，并在离心力作用下向收尘器筒壁产生离心沉降运动。粒径较大的颗粒沉降至直筒体的内壁表面时，颗粒失去回转动能而向下滑落。

气流进入锥筒体后，继续旋转向下运动。随锥筒内径 r 的逐渐加大，颗粒线速度 u_t 也逐渐增大，颗粒离心沉降速度 u_{0c} 也相应提高，更小粒径的颗粒从气流中分离出来沉降至筒壁滑下。

沿筒壁滑下的灰尘颗粒进入灰斗，灰斗中为负压状态，物料需经气流阻断卸料器（翻板式或格板式卸料器）卸出。

分离出尘粒的净化气流（含有部分微细尘粒），运行至锥筒体底部开始向上拐向，旋转向上运动经排气管离开收尘器。

11.1.3 收尘器内部的气体旋流

位于 0.65 倍排气管直径处假想有一圆柱面。其与收尘器筒壁之间的回转气流称为外旋流；其内部回转气流称为内旋流（见图 11-2）。在内旋流、外旋流中的气流均具有切向、轴向、径向三个方向的速度。

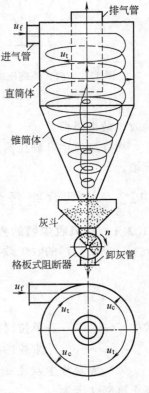

图 11-1 旋风收尘器的结构

切向速度即圆周线速度 u_t，是使灰尘颗粒产生离心沉降的动力。了解切向速度在收尘器内外旋流中的分布，对于旋风收尘器的设计与应用有重要意义。

切向速度在收尘器中的内旋流、外旋流中的分布可用旋流方程表示，即

$$u_t r^n = K \tag{11-1}$$

式中 u_t——气体旋流质点的切向速度，m/s；

r——气体旋流质点的旋转半径，m；

K——常数；

n——旋流指数，若 r 足够大，取 $n=1$，为自由旋涡；若 r 较大，取 $n=0.5\sim0.8$，为准自由旋涡；若 r 很小，$n=-1$，为强制旋涡。

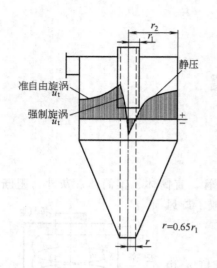

图 11-2　内、外旋流的切向
速度及静压分布

位于 0.65 倍排气管直径内侧的内旋流：r 很小，$r < 0.65r_1$，$n = -1$，$u_t = Kr$，内旋流为强制旋涡。随 r 减小，u_t 降低，但轴向速度很大，方向向上。

位于 0.65 倍排气管直径与收尘器筒壁之间的回转气流称为外旋流：r 较大，在 $0.65r_1 < r < r_2$ 范围内，$n = 0.5 \sim 0.8$，$u_t = Kr^{-n}$（大型旋风收尘器，$n \to 1$，$u_t \approx Kr^{-1}$），为准自由旋涡。因此，锥筒内随 r 减小，u_t 加大，较小粒径的尘粒沉降速度 u_{0c} 提高，而继续从气流中分离出来沉降至筒壁滑下。

旋风收尘器中内旋流、外旋流的静压状态对收尘器的稳定工作有着重要的影响。

在内旋流中，静压为负值。处于该区域底部的灰斗及卸灰系统，若有部件连接的缝隙或筒壁磨损穿孔时，会使环境的气体快速窜入收尘器内，将分离收尘器下的尘粒吹入内旋流的净化气体中，从而使收尘器的收尘效率降低。

在外旋流中，静压为正值。若筒壁因颗粒磨损漏孔，会使含尘气体外逸，污染生产作业环境。

11.2　旋风收尘器的界限收尘粒径及应用性能特点

11.2.1　旋风收尘器的界限收尘粒径

（1）收尘器的收尘效率 η　收尘效率 η 的计算公式为

$$\eta = \frac{G_c}{G_i} \times 100\% \tag{11-2}$$

式中　G_c，G_i——单位时间内收尘器收下尘粒的质量及进入收尘器的相应气体流量中含有尘粒的质量。

（2）界限收尘粒径 d_{pb}　在旋风收尘器中的含尘旋转气流中，随气流回转的尘灰颗粒的离心沉降速度为

$$u_{0c} = \sqrt{\frac{4d_p(\rho_p - \rho)u_t^2}{3\zeta r\rho}} \tag{11-3}$$

通常含尘气体中的尘粒粒径 d_p 一般小于 0.03mm，虽然尘灰颗粒在高速旋转气流中的径向离心沉降速度 u_{0c} 较大，但因颗粒的粒径小，颗粒雷诺准数 $Re_p \approx 1$，离心沉降过程还是属于层流区状态，将层流区状态的 $\zeta = \dfrac{24}{Re_p}$ 代入上式，颗粒的离心沉降速度 u_{0c} 为

$$u_{0c} = \frac{d_p^2(\rho_p - \rho)u_t^2}{18\mu r} \tag{11-4}$$

旋风收尘器所能捕收尘粒的最小粒径为旋风收尘器的界限收尘粒径 d_{pb}，即

$$d_{pb} = \sqrt{\frac{18\mu r u_{0c}}{(\rho_p - \rho)u_t^2}} \qquad (11\text{-}5)$$

可见减小旋风收尘器筒体尺寸 r，收尘器筒体内的气流切向速度 u_t 增大，可使气流中颗粒的离心沉降速度 u_{0c} 提高，从而使收尘器可收下尘粒粒径比 d_{pb} 更小的尘粒，提高收尘器的收尘效率 η。

11.2.2　旋风收尘器的应用性能特点

① 旋风收尘器的结构简单、工作可靠，操作及维护均较容易。

② 适于处理尘粒粒径 $d_p > 10\mu m$ 的较高浓度（$400g/m^3$）及较高温度的含尘气体，收尘效率 $\eta > 90\%$。

③ 进入旋风收尘器的气体流量应稳定，底部的卸灰部件的连接部位密封要好。

④ 旋风收尘器的流体阻力、能耗、筒壁磨损均较大。

⑤ 通常旋风收尘器多应用于多级收尘系统的第一级收尘。

11.3　旋风收尘器的类型

旋风收尘器有普通型、螺旋型、蜗旋型、扩散型、旁路型、水膜型等。常用类型主要为普通型、螺旋型及蜗旋型旋风收尘器。

11.3.1　普通型旋风收尘器

该型收尘器为原始型旋风收尘器，其形状及结构特点为：直筒体的直径大、高度小，直筒体长度比锥筒体略长，排气管伸入直筒体内的长度大，接近于直筒体的筒长，进气管的外缘与直筒体相切，气流阻力较小。如图 11-1 所示。

由于普通型旋风收尘器的直筒体直径大，外旋流的切向速度 u_t 较小，外旋流中颗粒的离心沉降速度 u_{0c} 小。细粒径的尘灰颗粒难于从气流中分离收下，而随净化后的气流排出收尘器，因此该型收尘器的收尘效率较低。普通型旋风收尘器适宜用作处理高浓度、大流量、尘粒较大的含尘气体净化设备，或作为多级收尘系统的第一级粗净化设备。

11.3.2　螺旋型旋风收尘器

螺旋型旋风收尘器结构如图 11-3 所示。与普通型旋风收尘器比较，螺旋型旋风收尘器的直筒体直径小、高度大，排气管伸入筒体内的尺寸短，锥筒体的高度大，锥筒体的锥角小，气流进入筒体的方式为倾斜向下，但气流的外缘仍和直筒体筒壁相切。

由于气流倾斜向下进入收尘器内，使气流通过收尘器的运动阻力损失小，在排气管口附近气流不易发生短路窜入排气管。直筒体及锥筒体的筒体细而长，旋转气流的回转半径 r 小，外旋流中颗粒的离心沉降速度 u_{0c} 高，使细粒径尘灰颗粒能够从气流中分离收下，收尘器的收尘界限粒径 d_{pb} 小、收尘效率 η 高。

因此，螺旋型旋风收尘器适宜用作处理较低浓度、净化要求高的收尘设备，多用于多级收尘系统的第二级净化设备。

11.3.3　蜗旋型旋风收尘器

蜗旋型旋风收尘器结构如图 11-4 所示。该型旋风收尘器的主要结构特点是：气流以水平方向进入，气流的进入通道为蜗壳状，气流通道的外缘呈渐开线或对数螺旋线的曲线状，气流进入直筒体时的气流内缘与直筒体筒壁相切。

由以上结构特点，气流进入直筒体后，被约束为厚度小的薄层气流股，外旋流中尘粒沉降至筒壁的位移路程短，沉降过程所需的时间少，尘粒距排气管口的距离大，尘粒发生短路逃逸至排气管的可能性大大减小。因此蜗旋型旋风收尘器流体运动的阻力小，收尘的尘粒界限粒径 d_{pb} 小，收尘效率 η 高。其应用与螺旋型旋风收尘器相近，适宜用作处理较低浓度、净化要求高的净化设备，作为多级收尘系统的次级净化设备。

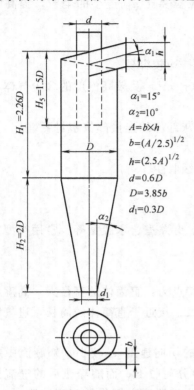

$\alpha_1=15°$
$\alpha_2=10°$
$A=b×h$
$b=(A/2.5)^{1/2}$
$h=(2.5A)^{1/2}$
$d=0.6D$
$D=3.85b$
$d_1=0.3D$

图 11-3　螺旋型旋风收尘器结构

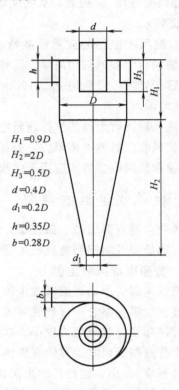

$H_1=0.9D$
$H_2=2D$
$H_3=0.5D$
$d=0.4D$
$d_1=0.2D$
$h=0.35D$
$b=0.28D$

图 11-4　蜗旋型旋风收尘器结构

11.4　旋风收尘器的组合

旋风收尘器的组合有串联和并联两种基本类型，可根据收尘系统的收尘效率及气体处理量来选择适宜的收尘器组合形式。

11.4.1　串联式旋风收尘器组合

（1）同类型、同规格的旋风收尘器串联组合　采用同类型、同规格的旋风收尘器的串联组合方式时，串联收尘器的气体处理量并不增加，收尘效率基本上未有提高。因为第一级旋风收尘器不能沉降分离的细小尘粒随气流排出，进入同类型、同规格的第二级旋风收尘器后，同样难于被分离捕收。

该种串联组合旋风收尘器的收尘效率未有提高，反而浪费设备增加电耗。

（2）不同类型、不同规格的收尘器串联组合　该组合方式第一级为普通型旋风收尘器，第二级为蜗旋型旋风收尘器，如图 11-5 所示。第一级旋风收尘器不能沉降分离的细小尘粒随气流排出，进入第二级旋风收尘器后，部分细小尘粒可被有效地分离捕收。该种串联旋风收尘器的组合形式，收尘效率 η 明显提高，捕收尘粒的临界粒径 d_{pb} 大大减小。

该种串联组合旋风收尘器适于空气净化效果要求高、含尘气体处理量较小的系统选用。该种串联组合旋风收尘器的收尘效率 $\eta_{串}$ 为

$$\eta_{串} = \eta_1 + \eta_2 - \eta_1 \eta_2 \qquad (11-6)$$

式中　　η_1，η_2——分别为第一级及第二级旋风收尘器
的收尘效率。

例如，第一级普通型旋风收尘器收尘效率 $\eta_1 = 0.9$，第二级蜗旋型旋风收尘器收尘效率 $\eta_2 = 0.92$，则 $\eta_{串} = 0.992$。

11.4.2　并联式旋风收尘器组合

采用同类型、同规格的 n 台旋风收尘器进行组合，并联后的组合旋风收尘器的含尘气体处理量 Q 为参与组合的各旋风收尘器气体处理量 q 之和，即

$$Q = nq \qquad (11-7)$$

组合旋风收尘器的收尘效率并不提高。并联式旋风收尘器组合形式有单体组合式及整体组合式两种方式。

(1) 单体并联式组合旋风收尘器　单体并联式

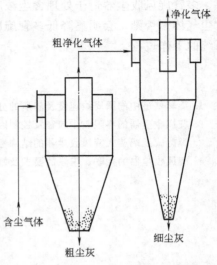

图 11-5　不同类型的旋风收尘器串联组合

组合旋风收尘器如图 11-6 所示。该种组合旋风收尘器可采用 2～8 只同样的单个旋风收尘器并联组装在同一个机架上，气体量分配均匀，气体处理量大。图 11-6 中为 2 台蜗旋型旋风收尘器的并联组合。

(2) 整体并联式组合旋风收尘器　整体并联式组合旋风收尘器又称为多管旋风收尘器（见图 11-7）。在箱形机壳中设置有多只称为旋风子的简化小型管状旋风收尘器，每只旋风子的进气口汇总于配气室，排气口汇总于集气室，卸灰口汇总于灰仓。整体组合旋风子的数量一般有 9 管、12 管、16 管等几种设置。

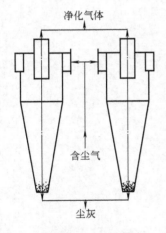

图 11-6　单体并联式组合旋风收尘器

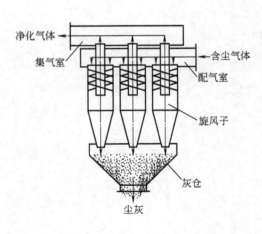

图 11-7　整体并联式组合旋风收尘器

气流进入旋风子小管中的导向装置有螺旋式及花瓣式，以螺旋式应用效果较好，旋风子的直径有 150mm、250mm 等规格。

轴向进入的气流在导向螺旋片的导引下产生螺旋向下的旋流，颗粒的沉降、净化气体的排出与大型收尘器相同。由于管状旋风子的直径小，气体旋流的回转半径小，旋流中颗粒的圆周线速度 u_t 及沉降速度 u_{0c} 大，因此可以捕收 5～10μm 的微细尘粒。

多管旋风收尘器适于处理含尘浓度小于 $100g/m^3$、湿度小、颗粒黏性小、气体量较小的含尘气体。否则，会明显降低多管旋风收尘器的收尘效率，甚至尘灰堵塞旋风子而终止收尘系统的工作过程。

思 考 题

1. 旋转气流中的圆周线速度及静压的分布及作用影响。
2. 旋风收尘器的界限收尘粒径及控制因素。
3. 螺旋式及蜗旋式旋风收尘器的结构性能特点。
4. 旋风收尘器的并联、串联的要求及效果。

12 沉降室收尘器

12.1 沉降室收尘器

沉降室收尘器又称为降尘室、重力沉降室、烟室，是最简单的收尘装置，但是沉降室收尘器具有其他各类型收尘器难以替代的作用，特别适于高温含尘气体的净化处理。

12.1.1 沉降室收尘器的结构及工作原理

沉降室收尘器的结构及工作原理示意如图 12-1 所示。构造沉降室通常用耐火材料、陶瓷、铸铁等材料制作。其工作原理是利用颗粒在沉降室中水平流动过程中的重力沉降，在含尘气体流经沉降室一定长度距离的时间内，尘粒靠重力沉降至收尘器的底部而实现尘粒与含尘气体的分离。

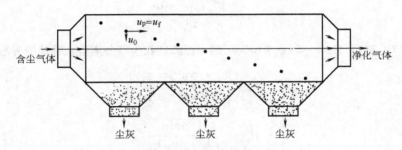

图 12-1　沉降室收尘器的结构及工作原理示意

在尘粒随气流水平运行距离 L 的时间 t 内，工艺要求分离的某粒径尘粒能从沉降室的顶部沉降至底部（沉降距离为 H）。

12.1.2 收尘界限粒径 d_{pb} 及沉降室结构尺寸的确定

尘灰颗粒与流体做同样的水平匀速运动，由前述的颗粒在水平运动流体中的运动分析可知，颗粒与流体运动速度相同 $u_p = u_f$，流体的水平运动速度 u_f 可视为颗粒的速度 u_p。经时间 t 后，水平流动流体中颗粒的水平方向运行距离 L 为

$$L = u_f t \tag{12-1}$$

颗粒进行水平运动的同时，颗粒因重力作用以等速 u_0 向下沉降（不受水平方向运动的影响），经 t 时间后，水平流动流体中颗粒的向下沉降高度 H 为

$$H = u_0 t \tag{12-2}$$

图 12-2 所示为颗粒在水平运动流体中，并在重力作用下的沉降过程分析示意。颗粒与流体做匀速水平运动，速度同为 u_f。颗粒的重力等速沉降速度为 u_0。沉降室内空间尺寸长度为 L、宽度为 B、高度为 H。

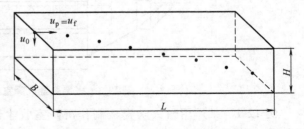

图 12-2　颗粒沉降过程分析示意

由图 12-2 及式（12-1）、式（12-2），就可获得 u_f、u_0、L、H 的相互关系式，即

$$\frac{H}{L}=\frac{u_0 t}{u_f t}=\frac{u_0}{u_f} \tag{12-3}$$

或

$$u_0=\frac{H}{L}u_f \tag{12-4}$$

若通过沉降室的气体流量为 Q，可知

$$u_f=\frac{Q}{HB} \tag{12-5}$$

式（12-4）可写为

$$u_0=\frac{H}{L}u_f=\frac{Q}{LB} \tag{12-6}$$

因所涉及系统中颗粒的粒度小，因重力作用颗粒垂直沉降过程为层流状态，则颗粒的等速沉降速度 u_0 为

$$u_0=\frac{d_{pb}^2(\rho_p-\rho)g}{18\mu} \tag{12-7}$$

将式（12-7）与式（12-6）联立求解，可解出沉降室收尘器分离尘粒颗粒的界限粒径 d_{pb} 为

$$d_{pb}=\sqrt{\frac{18\mu Q}{LB(\rho_p-\rho)g}} \tag{12-8}$$

或

$$d_{pb}=\sqrt{\frac{18\mu Hu_f}{L(\rho_p-\rho)g}} \tag{12-9}$$

由式（12-8）及式（12-9），可进行分析沉降室的长度 L、宽度 B、高度 H、气体流量 Q、流体速度 u_f 与界限粒径 d_{pb} 的关系。由式（12-8）可知：气体流量 Q 小、沉降室的长度 L 大、宽度 B 大，可使沉降室收尘的界限粒径 d_{pb} 降低，收尘效率提高。由式（12-9）可知：水平气流的速度 u_f 小、沉降室高度 H 低、长度 L 大，也可使沉降室收尘的界限粒径 d_{pb} 降低，收尘效率提高。

由以上分析，若使收尘界限粒径 d_{pb} 降低，沉降室的尺寸应设计为长度 L 大、宽度 B 大、高度 H 小。实际应用沉降室收尘器时，为了减少占地面积，通常设计制作成一定长度的扁平叠置形式的多层沉降室（见图 12-3）。

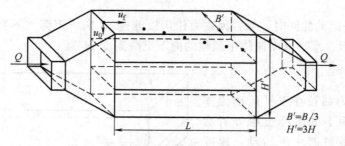

图 12-3 多层叠置沉降室收尘器结构示意

例 12-1 某厂用耐火陶瓷板制作沉降室收尘器，要求处理 850℃含尘气体 1800m³/h，已知：850℃空气的 $\mu=4.5\times10^{-5}$Pa·s、$\rho=0.32$kg/m³，水平气流的 $u_f=0.4$m/s，尘粒的

$\rho_p = 2100 \text{kg/m}^3$，试计算：（1）若收尘的界限粒径 $d_p = 50 \mu\text{m}$，用尝试法计算颗粒的沉降速度 u_0；（2）若沉降室的高度确定为 $H = 0.2\text{m}$，计算确定沉降室的长度 L 及宽度 B；（3）按确定后的沉降室的长度 L、宽度 B 及尺寸 H，如何制作多层叠置式沉降室收尘器？

解　（1）按尝试法层流沉降速度公式计算 u_0，有

$$u_0 = \frac{d_{pb}^2(\rho_p - \rho)g}{18\mu} \approx \frac{d_{pb}^2 \rho_p g}{18\mu} = \frac{(50 \times 10^{-6})^2 \times 2100 \times 9.81}{18 \times 4.5 \times 10^{-5}} = 0.064 \text{ m/s}$$

校验 Re_p，即

$$Re_p = \frac{d_{pb} \rho u_0}{\mu} = 50 \times 10^{-6} \times 0.32 \times 0.064 / 4.5 \times 10^{-5} = 0.023$$

因为 $Re_p = 0.023 < 1$，所以，尝试正确，计算有效。

（2）计算确定沉降室的 L、B

由 $\dfrac{H}{u_0} = \dfrac{L}{u_f}$，有

$$L = 0.2 \times 0.4 / 0.064 = 1.25 \text{ m}$$

由 $HBu_f = Q$，有

$$B = 1800 / (3600 \times 0.2 \times 0.4) = 6.25 \text{ m}$$

（3）沉降室的制作设置

将宽度 B 分为 5 等份，将 5 个 $L = 1.25\text{m}$、$B' = 6.25/5 = 1.25\text{m}$、$H = 0.2\text{m}$ 的小沉降室并联叠置，并联叠置沉降室的尺寸为：$L = 1.25\text{m}$；$B' = 1.25\text{m}$；$H' = 0.2 \times 5 = 1.00\text{m}$。

计算结果：（1）颗粒的沉降速度 $u_0 = 0.064\text{m/s}$；（2）沉降室的长度 $L = 1.25\text{m}$，宽度 $B = 6.25\text{m}$；（3）多层叠置式沉降室收尘器可设置 5 个 $L = 1.25\text{m}$、$B' = 1.25\text{m}$、$H = 0.2\text{m}$ 的小沉降室并联叠置。

12.2　惯性沉降室收尘器

12.2.1　惯性沉降室收尘器的结构及工作原理

惯性沉降室收尘器是在沉降室收尘器基础上改进的收尘器。与普通沉降室收尘器区别仅在于增加了几块挡板，气流在挡板端头拐向时产生旋转运动（见图 12-4）。

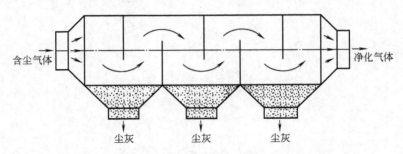

图 12-4　惯性沉降室收尘器结构及工作原理示意

由于挡板的作用，引入了颗粒在旋转流体中的离心沉降过程，提高了颗粒在流体中的沉降分离效果，使细小尘粒也能从流体中分离出来，提高了收尘器的收尘效率。

12.2.2　其他类型惯性沉降收尘器

根据惯性沉降室收尘器的结构及工作原理，又有几种惯性沉降收尘装置（见图 12-5）。

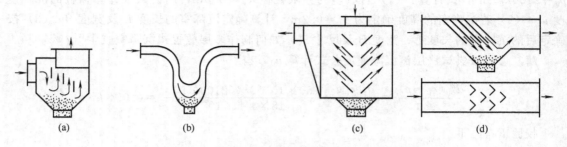

图 12-5　其他惯性收尘器结构及工作原理示意

　　收尘器可采用金属及耐火陶瓷材料制作，设置于收尘系统气流管路的中部及拐向处。作为第一级收尘，可提高整个收尘系统的收尘效率。

　　该类型收尘器的特点是：可处理高浓度的含尘气体，有效捕收 d_p 大于 $20\mu m$ 的较粗尘粒，可用于高温含尘气体的净化处理，体积小、易制作、设置灵活，但流体阻力较大。

思　考　题

1. 影响重力沉降室收尘器收尘界限粒径大小的因素。
2. 多层叠置式重力沉降室收尘器的尺寸确定及制作设置。
3. 重力沉降室收尘器与惯性沉降室收尘器的主要性能特点。

13 袋式收尘器

13.1 袋式收尘器的结构及工作原理

袋式收尘器是一种气体高净化设备,主要类型有机械振打式、脉冲喷吹式、气环反吹式,本章讨论的是常用脉冲喷吹式袋式收尘器。

13.1.1 袋式收尘器的构造

袋式收尘器的构造及工作原理示意如图 13-1 所示。该设备主要由收尘器箱体、透气过滤布袋、脉冲喷吹机构、脉冲控制仪、尘灰卸出装置等组成。收尘器箱体的下部为灰仓、中部为收尘清灰室、上部为净化气体集中排出室以及气体的进出管口。

13.1.2 袋式收尘器的工作原理

袋式收尘器的工作原理如图 13-1 所示。含尘气体自灰仓的中上部位置进入收尘器,由于通道扩大及气流向上拐向运行,较粗尘粒从气流中分离出来向灰仓下部沉降。

气流继续上行至过滤布袋之间的空间,由于气体通道尺寸比原空气输送管道扩大,气流的垂直上升速度 u_f 大大减小,部分较粗尘粒的沉降速度值 $u_0 > u_f$ 值,气流不能使尘粒悬浮上行,较粗尘粒开始向下沉降而落入灰仓。

在过滤布袋内部的负压抽吸作用下,气体穿过布袋滤布纤维之间的空隙进入布袋内。较大粒径尘粒被滤布阻挡滞留于布袋表面,较小尘粒嵌入纤维孔隙之间黏附于纤维上。只有粒径 $d_p < 1\mu m$ 的微细颗粒才能随气流穿

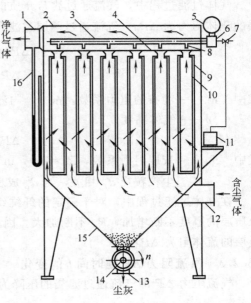

图 13-1 袋式收尘器的构造及工作原理示意
1—排气管;2—集气室;3—喷吹管;4—滤袋架板;
5—压缩气管;6—喷吹阀;7—控制阀;8—喷嘴;
9—滤袋;10—滤袋架;11—脉冲仪;12—进气管;
13—卸灰口;14—卸灰机;15—灰仓;16—压力计

过滤袋纤维之间的孔隙进入布袋内部空间,随滤袋内部的净化气体上行至集气室,经排气管、风机、放散管等排放至环境大气中。

随过滤过程的进行,滞留于滤袋表面的尘粒逐渐聚结为透气性差的灰层,使气流通过的阻力加大。随后,脉冲喷吹机构将滤袋表面的灰层清除,滤袋过滤过程恢复正常进行。

清除下来的灰层碎片,是由众多细小尘粒聚结而成的团粒颗粒,其相当直径 d_p 大、重力沉降速度 $u_0 > u_f$,$u_p > 0$。因此,向上气流不能将其悬浮上行,灰层碎片向下沉降落入灰仓,落下的尘灰经螺旋卸料机及阻断阀卸出。

13.2 袋式收尘器的气体过滤阻力 ΔP

13.2.1 过滤过程中滤袋单位面积的积尘质量 m

随过滤过程的进行，含尘气体中的尘粒几乎全部被阻挡积附在滤袋表面，经时间 t 后滤袋表面上单位面积的积尘质量为

$$m = Cu_{ff}t \tag{13-1}$$

式中 C——进入气体的含尘浓度，kg/m^3；

       u_{ff}——气流通过滤袋的速度，m/s；

        t——过滤过程经历的时间，s。

13.2.2 气流通过过滤介质的流体阻力 ΔP

气体过滤过程中，气流通过滤布介质的流体阻力为 ΔP_0，气流通过滤布表面尘粒介质层的流体阻力为 ΔP_d。气流通过两层过滤介质层的流体阻力 ΔP 为

$$\Delta P = \Delta P_0 + \Delta P_d \tag{13-2}$$

$$\Delta P_0 = R_0 \mu u_{ff} \tag{13-3}$$

式中 R_0——滤布的阻力系数，m^{-1}，与滤布厚度成正比、与滤布孔隙当量直径成反比；

       μ——气体黏度，$Pa \cdot s$。

$$\Delta P_d = R_d \mu u_{ff} \tag{13-4}$$

式中 R_d——灰层阻力系数，$R_d = \alpha m$，m^{-1}，α 为尘粒介质层的平均比阻，m/kg，主要与尘粒粒径 d_p 相关，与 d_p^2 成反比；m 为滤袋单位面积的积尘质量，kg/m^2。

在气体过滤过程中，对于确定的纤维织物滤袋，滤布介质层的 ΔP_0 不再增大。而尘粒介质层的厚度不断增加，R_d 不断加大。因此，过滤过程的气流阻力 ΔP 主要取决于尘粒介质层的流体阻力 ΔP_d。

13.2.3 气流阻力 ΔP 随时间 t 的变化

气流阻力 ΔP 即气流通过滤袋的压降为

$$\Delta P = \Delta P_0 + \Delta P_d = R_0 \mu u_{ff} + \alpha C t \mu u_{ff}^2 \tag{13-5}$$

随袋式收尘器收尘过程时间 t 的延续，尘粒介质层单位面积积尘质量 m 增多，灰层厚度增大，灰层的气流阻力 ΔP_d 加大，相应地 ΔP 不断提高。袋式收尘器的滤袋清灰后，滤袋表面的尘粒介质层清除掉，ΔP_d 减小，此后又重复发生滤袋表面的尘粒介质层增厚，ΔP_d 提高的过程（见图13-2）。

在此过程中，随 t 延长，气流阻力 ΔP 逐步增大，收尘器处理的含尘气体量 Q 不断降低。

若气流通过过滤介质层的速度 u_{ff} 确定，气体的含尘浓度 C 增高，气流通过过滤介质层达到确定压降 ΔP 的过滤时间 t 缩短。

若气体的含尘浓度 C 确定，气流通过过滤介质层的速度 u_{ff} 增高，同样地使过滤

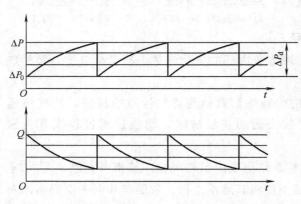

图13-2   收尘器过滤阻力及气体流量的周期性变化

介质层达到确定压降 ΔP 的过滤时间 t 减少。

若过滤时间 t（相当于清灰周期时间）短，单位时间内滤袋的清灰次数多，滤袋易损坏，且清灰时影响收尘器的正常过滤收尘。

13.2.4　气体流量 Q 随时间 t 的变化

袋式收尘器的气体流量随时间的变化情况，与滤袋表面的 ΔP_d 随时间变化的情况恰好相反（见图 13-2）。通常袋式收尘器设计确定的滤袋数量 Z 主要依据需要净化处理的含尘气体量 Q 的大小。此外，还需要考虑处于清灰状态的滤袋数量，当部分滤袋处于清灰状态时，其他滤袋还可以保持正常的过滤收尘过程，即

$$Z = Z_1 + Z_2 \qquad\qquad (13\text{-}6)$$

式中　Z_1——处理空气量 Q 所需的滤袋数量；

$\qquad Z_2$——处于清灰过程的滤袋数量。

通常，袋式收尘器选择设置的滤袋数量多，气体的过滤面积大，就可以较小的过滤速度 u_{ff}（$3\sim4\mathrm{m/min}$）处理规定的气体量；袋式收尘器适宜处理低含尘浓度的气体，适宜的气体含尘浓度 C 一般为 $3\sim5\mathrm{g/m^3}$，如此可延长滤袋的过滤时间。若需要处理的气体含尘浓度高，也要相应考虑增加处于清灰状态所需的滤袋数量。

13.3　袋式收尘器的清灰过程控制

13.3.1　对袋式收尘器清灰过程的要求

由前所述，即使选择确定较小的 u_{ff} 和 C，但是随着过滤过程的时间 t 继续延长，尘粒介质层的厚度增大，气流通过过滤介质的阻力 ΔP 提高，收尘器能够处理的气体 Q 大幅度降低，收尘器不能正常进行收尘作业了。因此，滤袋表面的尘粒灰层需要定时清除。

对滤袋表面灰层进行清除的要求是：能有效清除灰层，使滤袋及尘粒介质层对气流的阻力 ΔP 降至允许的正常范围；两次清灰的间隔时间与灰层的形成过程时间相适应；使收尘器滤袋绝大部分时间均处于正常过滤收尘的工作状态。

13.3.2　袋式收尘器的清灰过程

袋式收尘器的清灰方式主要有机械振打式、气环反吹式、脉冲反吹式等。常用的为脉冲反吹清灰方式，使用效果好。脉冲袋式收尘器过滤收尘及反吹清灰状态示意如图 13-3 所示，该图是图 13-1 的左视剖面图。该袋式收尘器设备有 8 排滤袋，每排 6 支，每排 6 个滤袋设置有 1 个电磁脉冲喷吹机构，每个电磁脉冲喷吹机构可同时对该排 6 条滤袋执行高压气体反吹清灰。

由脉冲控制仪按预先设定的脉冲间隔时间给出电信号至脉冲控制阀，打开脉冲控制阀的

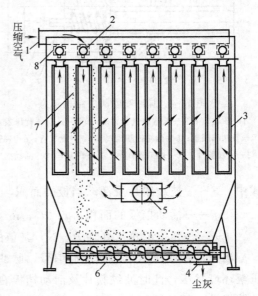

图 13-3　脉冲袋式收尘器过滤收尘及反吹清灰状态示意

1—压缩空气入口；2—喷吹管；3—过滤收尘布袋；4—尘灰卸出口；5—含尘气体进入口；6—螺旋卸料机；7—反吹清灰布袋；8—脉冲喷吹阀

电磁阀门，使脉冲喷吹阀背压室内的压缩空气自泄气管放出，背压室内的气体压强快速减压。随之压缩空气管内的高压空气将喷吹阀膜盖顶开，压缩空气（0.6MPa）进入喷吹管。高压空气经喷吹管自喷嘴喷出灌入滤袋。

在高压气体喷入滤袋过程中，由于滤袋上口文氏管的引射作用，将5～7倍的净化室内的净化后气体也引带进入了滤袋。

由高压气体减压膨胀及大量引入的气体快速地进入滤袋所形成的气浪，对滤袋产生了自上而下以及自下而上的膨胀振动作用，使滤袋外表面的灰层松解剥落。此时滤袋内部的气体为正压，气体压强比滤袋外要高得多，滤袋内部的部分高压气体穿过滤袋纤维孔隙反向进入收尘器的收尘过滤室，同时将黏附在滤袋外表面的灰层吹落。由振动松解及气流反吹而清除下来的灰层碎片，因相当直径很大而快速向下沉降落至灰仓底部。该排滤袋经短时间高压气体反向喷吹清灰后，过滤收尘气流通过滤袋的阻力 ΔP 降至正常范围，滤袋重新开始过滤过程。

当一根喷吹管对一排6条滤袋进行反向喷吹清灰过程时，其余7排滤袋对应喷吹管的脉冲控制阀没有得到脉冲控制仪的喷吹指令，仍处于正常过滤收尘过程。

经一定时间间隔后，脉冲控制仪又给出指令，使其他各排滤袋依次实行喷吹清灰过程。

13.3.3 脉冲控制阀的工作过程

脉冲喷吹阀的结构示意如图13-4所示。脉冲控制仪无喷吹信号输出时，脉冲喷吹阀处于等待状态。在背压室内高压气体及弹簧的压力作用下，波纹膜片活动挡板顶压封闭了喷吹管的压缩空气进气管口。

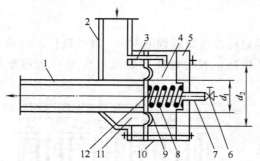

图 13-4 脉冲喷吹阀的结构示意

1—喷吹管；2—压缩空气管；3—节流孔；4—背压室；
5—喷吹阀阀盖；6—脉冲控制泄气阀；7—泄气管；8—弹簧；
9—波纹膜片；10—喷吹阀阀体；11—气室；12—活动挡板

此时，压强为 p 的压缩空气存在于气室和背压室中，背压室中始终存在着弹簧的压力，波纹膜片活动挡板左右两侧所受的作用力分别如下。

波纹膜片左侧的受力为

$$P_L = p(F - f) \qquad (13\text{-}7)$$

波纹膜片右侧的受力为

$$P_R = pF + q \qquad (13\text{-}8)$$

式中 F——波纹膜片及活动挡板的面积，$F = d_2^2$，m^2；

f——活动挡板的面积，$f = d_1^2$，m^2；

q——弹簧的预压弹性力，N，其值的设定应满足 $q < P_L$。

当脉冲控制仪给出喷吹脉冲信号，脉冲控制阀动作打开泄气阀，使喷吹阀背压室泄气减压至环境常压，此时波纹膜片及活动挡板右侧受力为 $P_R = q$，此时 $P_R < P_L$，波纹膜片及活动挡板被左侧的压缩空气顶开，压缩空气进入喷吹管，进行该排滤袋的清灰过程。

脉冲控制仪停止输出喷吹脉冲信号，脉冲控制阀关闭泄气阀，压缩空气由节流孔进入喷吹阀背压室，背压室内气压升高，此时波纹膜片及活动挡板两侧受力为：$P_R > P_L$。活动挡板重新封闭喷吹管，滤袋的清灰过程结束，该排滤袋重新进行过滤收尘过程。

按照选定的气流过滤速度 u_{ff}（3～4 m/min）及气体含尘浓度 C（3～5g/m³），可确定出滤袋外表面达到限定积尘质量、灰层厚度及过滤阻力时所需要的时间 t。由此，可确定脉冲控制仪给出两次喷吹清灰的脉冲信号时间间隔 t_c（脉冲周期）。通常，袋式收尘器脉冲控制仪设定的脉冲周期时间为 $t_c = 30 \sim 60\text{s}$，每次喷吹清灰的脉冲信号持续时间 $t_k = 0.1\text{s}$。

喷吹清灰所用的压缩空气压强 p 一般为 0.6MPa。

13.4 袋式收尘器的应用性能特点及改进

13.4.1 袋式收尘器的应用性能特点

① 袋式收尘器的收尘效率 η 高，$\eta > 99\%$。

② 袋式收尘器可捕收 $d_p > 1\mu\text{m}$ 的尘粒。

③ 适宜处理低含尘浓度（$C < 5\text{g/m}^3$）的含尘气体。若气体的含尘浓度高，前边应加一级旋风收尘器。

④ 处理较高温度、较高湿度或者高磨琢性尘粒的含尘气体，可选用具有疏水、耐热或耐磨等性能的特种材料滤袋。

13.4.2 袋式收尘器的型号

袋式收尘器的型号如 DMC-48A-1，D 为电动控制阀、MC 为脉冲收尘器、48 为滤袋数目、A 为有灰仓、1 为安装方式（空气进出口位置）。

13.4.3 袋式收尘器的改进

新型分室脉冲袋式收尘器：FGMC32-3 型，分室数为 3，滤袋总数为 96，进口浓度（标准状态下）500g/m³，出口浓度（标准状态下）0.05g/m³，清灰压缩空气压强为 0.5 ~ 0.7MPa，电磁脉冲阀数量为 3。分室式脉冲袋式收尘器克服了反吹清灰程度不足、过滤和清灰同室进行导致尘灰再吸附的缺点。

该型分室脉冲袋式收尘器技术性能及应用特点如下。

① 滤袋采用进口的聚四氟乙烯微孔覆膜滤料，表面光滑，耐高温（250℃），布袋寿命达 2 年以上。

② 喷吹阀的膜片寿命 > 100 万次，寿命 > 5 年。

③ 分室进行过滤、清灰、静止沉降过程，清灰彻底，避免尘灰再吸附，$\eta > 99.9\%$。

④ 憎水抗结露，水分 3% ~ 4% 不糊袋，适应范围广。

⑤ 正常滤速时，运行阻力低于 900 ~ 1500Pa。

⑥ 气体含尘浓度高 [C（标准状态）$\leqslant 1300\text{g/m}^3$]，可用于高效选粉机的细粉收集。

⑦ 清灰压力 0.6MPa，每只电磁阀可清 32 ~ 96 只布袋，系统稳定可靠。

⑧ 采用先进的 PLC 可编程控制器，定时或定阻自动清灰，性能稳定可靠。

思 考 题

1. 袋式收尘器的工作原理。

2. 滤袋清灰的意义及清灰过程。

3. 脉冲喷吹阀的工作及控制。

4. 袋式收尘器的主要性能特点。

5. 新型袋式收尘器的主要性能及优点。

14 空气选粉机

14.1 通过式选粉机

空气选粉机是在特定条件下利用气流使物料按颗粒大小进行分级的设备。工业常用的设备有通过式选粉机、离心式选粉机、旋风式选粉机。采用水作为分级介质的水力分级机，如水力旋流器、弧形筛，是喷射流体分级设备的另一种类型。

14.1.1 通过式选粉机的构造

通过式选粉机工作时气流携带粉料进入选粉机，分离出粗粉后的气流及细粉移出选粉机，因此名为通过式选粉机，又称为粗粉分离器。通过式选粉机构造及工作原理示意如图14-1所示。主要部件有外锥体、内锥体、反射棱锥体、吊板、导向叶片、进风管、排气管、粗粉排出管等。

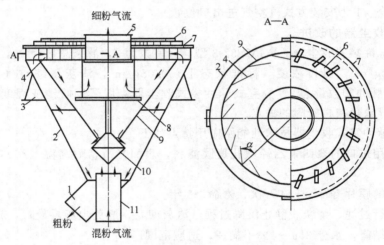

图 14-1　通过式选粉机构造及工作原理示意
1—粗粉排出管；2—外锥体；3—支架；4—导向叶片；5—气流排出管；6—调
节环；7—选粉机顶板；8—吊板；9—内锥体；10—反射棱锥体；11—进气管

14.1.2 通过式选粉机的工作原理

通过式选粉机的工作过程是综合利用了颗粒的重力沉降、颗粒的离心沉降、颗粒在垂直上升流体中的悬浮与沉降等原理，采用多种途径将粗粉从混合粉料气流中分离出来。粗粉分离的原理及过程如下。

① 携带粉料的气流以 $u_f=15\sim20\text{m/s}$ 的速度由选粉机的底部进风管进入外锥体内，粗颗粒碰撞棱锥体，失去动能脱离气流落下。

② 气流进入内外锥体空间，因通道截面扩大，气流上升速度 u_f 减小，又有较粗的颗粒因 $u_0>u_f$ 而沉降落下。

③ 气流上升至外锥体顶部拐向内锥体时，又有较粗颗粒撞击导向叶片，失去动能脱离气流下落。

④ 气流进入内锥体，由于斜向设置的导向叶片作用，气流产生旋转运动，又有较粗颗粒离心沉降至内锥体内壁下落，从内锥体与反射棱锥体之间的缝隙排下。

所有较粗颗粒下落至外锥体的底端粗粉管口卸出。卸出的粉料经溜管返回至球磨机再次进行粉磨加工。细粉颗粒随气流从顶部排气管移出选粉机，由旋风式气固分离器分离收集。

14.1.3 选粉分级界限粒径及其控制

（1）粗粉重力分离的最小粒径 在内外锥体之间进行的选粉过程中，粒径较大的颗粒被分离出来，该部分较粗颗粒中的最小颗粒粒径 d_p 的确定，可由颗粒的重力沉降速度 u_0 及颗粒的悬浮速度 u_f 进行分析获得。颗粒的重力沉降速度 u_0 为

$$u_0 = \frac{d_p^2(\rho_p - \rho)g}{18\mu} \tag{14-1}$$

颗粒发生重力沉降时有

$$u_f = u_0 \tag{14-2}$$

则粗粉重力分离的最小粒径 d_p 为

$$d_p = \sqrt{\frac{18\mu u_f}{(\rho_p - \rho)g}} \tag{14-3}$$

由上式可见，对于确定的流体及物料，减小气流进入选粉机的速度 u_f，可使粗粉重力分离的最小粒径 d_p 降低。

（2）粗粉离心分离最小粒径 d_{pb}（分级界限粒径） 气流携带经重力沉降分离后的剩余颗粒，由导向叶片间的狭缝进入内筒体，气流在斜向设置的导向叶片约束下产生旋转运动。在内筒体中颗粒随气流做旋转运动的圆周方向线速度为 u_t、颗粒在径向方向的离心沉降速度为 u_{0c}，根据颗粒在旋转流体中的运动分析，可知颗粒的离心沉降速度 u_{0c} 为

$$u_{0c} = \sqrt{\frac{4d_{pb}(\rho_p - \rho)u_t^2}{3\zeta\rho r}} \tag{14-4}$$

由式（14-4）得

$$d_{pb} = \frac{3\zeta\rho r}{4(\rho_p - \rho)} \times \frac{u_{0c}^2}{u_t^2} \tag{14-5}$$

u_{0c} 和 u_t 的相对大小，与导向叶片的径向夹角 α 的关系为

$$\cot\alpha = \frac{u_{0c}}{u_t} \tag{14-6}$$

将式（14-6）代入式（14-5），就有

$$d_{pb} = \frac{3\zeta\rho r}{4(\rho_p - \rho)} \times \cot^2\alpha \tag{14-7}$$

增大导向叶片的角度 α，进入内锥体中的气流旋转速度 u_t 提高，可使颗粒的分级界限粒径 d_{pb} 降低。

（3）颗粒分级界限粒径的控制及选粉机改进

① 颗粒分级界限粒径的控制。如果要求随气流排出的细粉粒径减小，即粗粉颗粒的分级界限粒径 d_{pb} 降低，可以采用的控制及调节选粉机的方法有：①使进入选粉机的气流速度 u_f 减小；②使径向导向叶片角度 α 加大。

② 选粉机改进。选粉机改进的方法如下。

a. 将内锥体的高度 H 增大。

b. 加大排气管的直径 $d_{排}$。

c. 可在外锥体顶部设置轴向导向叶片，取代原来的内锥体径向导向叶片。

14.1.4 通过式选粉机的主要应用性能特点

通过式选粉机主要用于物料粉磨闭路流程的风扫磨系统。气流携带粉料进入选粉机，分离出粗粉后的气流及细粉移出选粉机，粗粉又返回球磨机再次加工粉磨。应用通过式选粉机的闭路粉磨流程如图 14-2 所示。

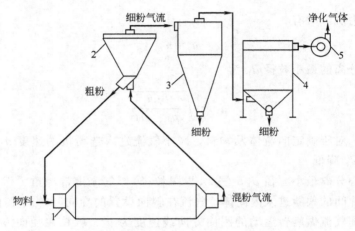

图 14-2　应用通过式选粉机的闭路粉磨流程
1—球磨机；2—选粉机；3—旋风分离器；4—袋式收尘器；5—风机

采用空气选粉机的闭路粉磨工艺流程，可获得 d_p 小于工艺要求粒径的微细粉料；可使物料粉磨过程中的细小颗粒分离出去作为产品，避免了细小颗粒的过粉碎，减小了细小颗粒对粗颗粒物料粉磨的阻碍作用，从而提高了设备的加工效率。

空气选粉机的主要性能特点为：结构简单；操作及维护简便；无运转部件，不易损坏，工作可靠；选分分离后的细粉粒径为 0.08mm 时，筛余 10%～20%。

14.2　离心式选粉机

14.2.1　离心式选粉机的构造

离心式选粉机构造及工作原理示意如图 14-3 所示。离心式选粉机的主要部件有外筒体、内筒体、驱动系统、离心撒料盘、大风叶（8～16 片）、小风叶（4～8 片）、挡风板、回风叶、入料管、粗粉排出管、细粉排出管等。

14.2.2　离心式选粉机的工作原理

（1）气流内循环过程　离心式选粉机的工作原理如图 14-3 所示。启动驱动系统后，立轴及离心撒料盘快速回转，连接在离心撒料盘上的小风叶及大风叶随之回转。

内筒体中的空气在大风叶的驱动下形成气流，进入内、外筒体之间的环形空间向下运行，从回风叶孔洞返回内筒体中，形成选粉机内部的气流循环。

（2）粗粉选分过程　混合粉料由顶部的入料口加入，经溜料管落在离心撒料盘上。在快速转动的离心撒料盘的摩擦带动下，粉料受离心力作用甩出离心撒料盘。粒径大的粗粉颗粒撞击内筒壁，失去动能沿内筒壁表面滑下；其余粉料颗粒被上升气流带动上行，被快速回转的小风叶打击，又有部分较粗颗粒被抛向内筒壁，失去动能滑下；在挡风板处，携带剩余粉料的气流产生拐向折流，部分较粗颗粒脱离气流撞击挡风板，失去动能落下。

上述过程分离出的粗粉，沿内筒壁表面滑落，经过回风叶，最后从内筒体底部的粗粉排出管卸出。

（3）细粉选分过程　在大风叶驱动下，内筒体中向上的气流至筒体顶部拐向折流进入内外筒体之间的环形空间，气流旋转向下运行。部分细粉颗粒离心沉降至外筒壁内表面，向下滑落。

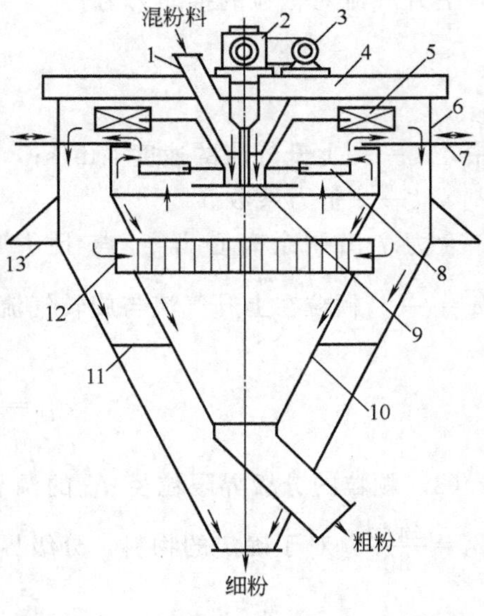

部分细粉颗粒随气流向下运行，与重力沉降速度方向一致，颗粒快速向下沉降。当气流拐向从回风叶进入内筒体时，细粉颗粒惯性向下沉降从气流中分离出来。

从气流中分离出的细粉颗粒，下落至外筒体底部，从细粉排出管卸出。

图 14-3　离心式选粉机构造及工作原理示意
1—入料管；2—减速机；3—电动机；4—盖板；
5—大风叶；6—外筒体；7—挡风板；8—小
风叶；9—离心撒料盘；10—内筒体；11—内
筒支架；12—回风叶；13—设备支架

14.2.3　分级界限粒径 d_{pb} 及其控制

（1）内筒体中颗粒的运动速度

① 颗粒的垂直轴向速度。颗粒的垂直轴向速度 u_{pL} 决定于颗粒的重力沉降速度 u_0 及上升气流速度 u_f。若 $u_0 > u_f$，u_{pL} 向下；$u_0 < u_f$，u_{pL} 向上。

② 颗粒的圆周线速度。颗粒在离心撒料盘及旋转气流作用下的圆周运动速度 u_{pt}。

③ 颗粒的径向速度。颗粒的径向速度即颗粒在旋转气流中的离心沉降速度 u_{pr}。

（2）颗粒的分级界限粒径 d_{pb}　颗粒的分级界限粒径 d_{pb} 是在内筒体中选分的粗粉颗粒最小粒径，或是随上升气流移出内筒体细粉颗粒的最大粒径。

粒径为 d_{pb} 的颗粒能否随气流通过挡风板，决定于刚脱离离心撒料盘时所受剩余离心力 f_{c0} 及上升气流推动力 f_d 的相对大小。颗粒受力分析如图 14-4 所示。

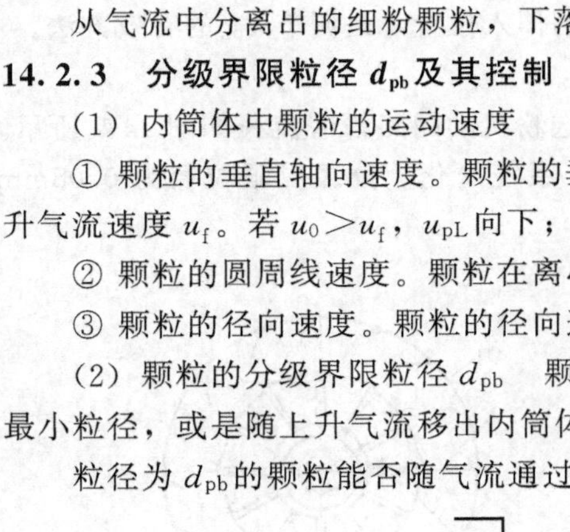

剩余离心力为

$$f_{c0} = \frac{\pi d_{dp}^3 (\rho_p - \rho) u_t^2}{6r} \qquad (14-8)$$

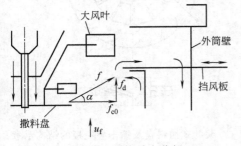

图 14-4　颗粒受力分析

式中　u_t ——离心撒料盘边缘处颗粒圆周线速度，m/s；
　　　r ——离心撒料盘半径，m。

上升气流对颗粒的推动力为

$$f_d = \zeta \frac{\pi d_{pb}^2 \rho u_f^2}{8} \qquad (14\text{-}9)$$

式中　u_f——上升气流的速度，m/s；

　　　　ζ——阻力系数。

合力 f 由剩余离心力 f_{c0} 与上升气流对颗粒的推动力 f_d 构成，合力 f 的倾角为 α，$\tan\alpha = \dfrac{f_d}{f_{c0}}$，颗粒在上升气流与旋转气流综合作用下的颗粒分级界限粒径 d_{pb} 为

$$d_{pb} = \zeta \frac{3\rho r u_f^2}{4(\rho_p - \rho) u_t^2} \times \cot\alpha \qquad (14\text{-}10)$$

（3）颗粒的分级界限粒径 d_{pb} 的调节控制　由式（14-10），以及料盘边缘颗粒圆周线速度 $u_t = \dfrac{2\pi r n}{30}$，对于确定的物料，分级界限粒径 d_{pb} 可写为

$$d_{pb} = K\zeta \frac{u_f^2}{r n^2} \cot\alpha \qquad (14\text{-}11)$$

由上式及选粉机的结构与工作原理，对离心式选粉机颗粒分级界限粒径 d_{pb} 的调节，可有以下几个方法与途径。

① u_f 与 n 相关联，加大 n，大风叶可导致上升气流的 u_f 增大。

② 而增减大风叶及小风叶的数量，以及改变回风叶的角度均可调节控制 d_{pb}。

③ 改变离心撒料盘的 r 也可调节控制 d_{pb}。

④ 调节挡风板的伸入位置，可改变角度 α。

以上几种方法中，改变离心撒料盘的 r 及挡风板的伸入位置，是调节 d_{pb} 的有效方法。

14.2.4　离心式选粉机的应用性能特点及改进

（1）离心式选粉机的应用性能特点　应用离心式选粉机的闭路粉磨流程如图 14-5 所示。该选粉机将粉料分级、气流循环、收尘集中于一体，系统简化。分级界限粒径为 0.08mm 时筛余低于 10%。

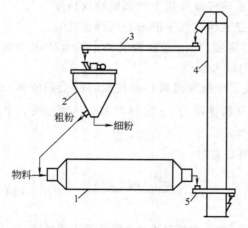

图 14-5　应用离心式选粉机的闭路粉磨流程

1—球磨机；2—选粉机；3，5—螺旋输送机；4—斗提机

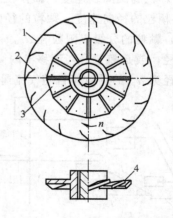

图 14-6　桨叶式撒料盘及撞击导流板的结构示意

1—内筒壁；2—撞击导流板；3—桨叶式撒料盘；4—桨叶片

（2）离心式选粉机的改进　图 14-6 所示为桨叶式撒料盘及撞击导流板的结构示意。这是离心式选粉机结构部件的一种改进形式。其以桨叶式撒料盘取代常规的平形撒料盘；且在桨叶式撒料盘的同水平高度位置的内筒壁，设置撞击导流板。桨叶式撒料盘和撞击导流板的设置，其作用主要是将混粉入料中的集团颗粒充分解体和撞击散开，使粉料得到充分分散，颗粒彼此分开，避免细粉团粒进入粗粉料中。由此，可提高选粉效率 30％，单位电耗减小 10％，提高磨机产量 15％。

14.3　旋风式选粉机

离心式选粉机存在不足：大风叶被颗粒磨损大；细粉颗粒在内外筒之间主要靠重力沉降与气流分离，细粉颗粒与气流的分离效果差，较多细粉颗粒随气流进入内筒体，使得选粉效率低。旋风式选粉机是在离心式选粉机的基础上，取消大风叶，增设旋风分离器，使细粉颗粒与气流的分离过程在旋风分离器中进行。

14.3.1　旋风式选粉机的构造

旋风式选粉机的构造主要有驱动系统、撒料系统、选分室、旋风分离器、分散进风装置、风机及气流管道等。

14.3.2　旋风式选粉机的工作原理

（1）气流循环过程　旋风式选粉机构造及工作原理示意如图 14-7 所示。风机供给的气流由进风管输送，切向进入选粉机中部的内外筒体之间、经滴流装置、撒料盘、小风叶后进入旋风分离器，由旋风分离器顶部排气管排出，经集气管和导风管返回风机，完成选粉机的气流循环过程。

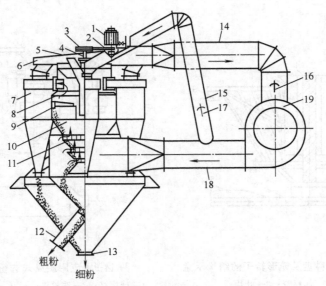

图 14-7　旋风式选粉机构造及工作原理示意

1—电动机；2，3—传动装置；4—立轴；5—进料管；6—集气管；7—旋风分离器；
8—选粉室；9—小风叶；10—撒料盘；11—滴流装置；12—粗粉管；13—细粉管；
14—导风管；15—支风管；16，17—调节阀；18—进风管；19—风机

（2）粗粉选分过程　混粉物料落至撒料盘上被高速回转的撒料盘加速后离心甩出，离心甩出的物料行进中又遭遇回转小风叶的打击和驱动作用。混粉物料中的粗颗粒被强力驱动的作用最大，粗颗粒快速径向运动至内筒壁，撞击内筒壁后失去动能向下滑落，经过滴流装置

后滑落进入选粉机的下部内锥体，从粗粉排出管卸出。

（3）细粉选分过程　在上述过程中被驱动程度小的细小颗粒，则被上升气流携带进入旋风分离器。细小颗粒在旋风分离器中经离心沉降分离后，下降至旋风分离器的底部出口，进入选粉机外锥体中，最终由细粉排出管卸出。

14.3.3　分级界限粒径 d_{pb} 的控制

旋风式选粉机的选粉分级界限粒径 d_{pb} 的控制，可采取的途径措施如下。

① 改变立轴撒料盘的转速 n。提高立轴的转速 n，分级界限粒径 d_{pb} 减小。

② 改变小风叶的数目。小风叶数目增多，分级界限粒径 d_{pb} 减小。

③ 固定导风管上的调节阀 16 的开度，改变支风管上的调节阀 17 的开度。支风管上的调节阀 17 可控制进入选粉室或旋风分离器的风量比例，调节阀 17 的开度增大，进入选粉室的气流量减少，进入旋风分离器的气流量增加。如此，可使选粉室内的上升气流的 u_f 降低，分级界限粒径 d_{pb} 减小，且细粉在旋风分离器的离心沉降分离效果好。此法是生产中有效控制分级界限粒径 d_{pb} 的常用方法。

14.3.4　旋风式选粉机的改进及应用特点

旋风式选粉机的改进：在平形撒料盘上设置翅片；用笼形转子取代小叶片。可使粉料在选粉室中易于分散，提高选粉效率（见图 14-8）。

应用旋风式选粉机的闭路粉磨流程如图 14-9 所示，与离心式选粉机的应用情况相似，但是旋风式选粉机比离心式选粉机的选分性能更加优良。旋风式选粉机的主要性能特点为：选粉能力大，选粉能力是离心式选粉机的 2 倍多；选粉效率高，比离心式选粉机高 8%；可使磨机生产能力提高 10%、单位电耗降低 20%；选粉界限粒径易于调节。

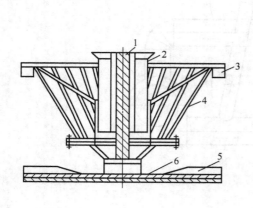

图 14-8　带翅片撒料盘及笼形转子的结构示意
1—立轴；2—加料管；3—叶片；
4—笼架；5—翅片；6—撒料盘

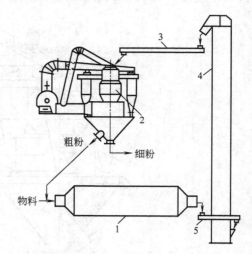

图 14-9　应用旋风式选粉机的闭路粉磨流程
1—球磨机；2—选粉机；3，5—螺旋输送机；4—斗提机

思　考　题

1. 三种选粉机的构造、工作原理。

2. 三种选粉机的选粉界限粒径调节控制方法。

3. 三种选粉机的主要应用性能特点。

参 考 文 献

1　白礼懋主编. 水泥厂工艺设计实用手册. 北京：中国建筑工业出版社，1997
2　《水泥厂工艺设计手册》编写组. 水泥厂工艺设计手册（上册）. 北京：中国建筑工业出版社，1976
3　《水泥厂工艺设计手册》编写组. 水泥厂工艺设计手册（下册）. 北京：中国建筑工业出版社，1978
4　方景光主编. 粉磨工艺及设备. 武汉：武汉理工大学出版社，2002
5　汪澜编著. 水泥工程师手册. 北京：中国建材工业出版社，1998
6　武汉建筑材料工业学院等编. 水泥生产机械设备. 北京：中国建筑工业出版社，1981
7　韩芳等编著. 水泥厂机械设备安装. 北京：中国建筑工业出版社，1990
8　林云万主编. 陶瓷机械手册. 上海：上海交通大学出版社，1991
9　华南工学院，南京化工学院编. 陶瓷工业机械设备. 北京：中国建筑工业出版社，1981
10　林云万编. 陶瓷工业机械设备. 上海：上海交通大学出版社，1987
11　庄顺南，王景福编译. 陶瓷生产机械化与自动化. 北京：轻工业出版社，1986
12　《耐火材料工厂设计参考资料》编写组编. 耐火材料工厂设计参考资料（上册）. 北京：冶金工业出版社，1980
13　《耐火材料工厂设计参考资料》编写组编. 耐火材料工厂设计参考资料（下册）. 北京：冶金工业出版社，1981
14　李锦文主编. 耐火材料机械设备. 北京：冶金工业出版社，1995
15　潘孝良主编. 硅酸盐工业机械过程及设备（上册）. 武汉：武汉工业大学出版社，1993
16　张庆今编著. 硅酸盐工业机械及设备. 广州：华南理工大学出版社，1992
17　张有衡等编著. 硅酸盐工业机械设备. 北京：中国建筑工业出版社，1961
18　武汉建筑材料工业学院，华南工学院，辽宁建筑工业学院编. 建筑材料机械及设备. 北京：中国建筑工业出版社，1980
19　齐齐哈尔轻工业学院主编. 玻璃机械设备. 北京：轻工业出版社，1987
20　张少明，翟旭东，刘亚云. 粉体工程. 北京：中国建材工业出版社，1994
21　陆厚根编著. 粉体工程导论. 上海：同济大学出版社，1993

内 容 提 要

本书介绍无机非金属材料工业生产过程中涉及的物料破粉碎理论、颗粒流体力学等基本概念和基础知识，以及常用的无机非金属材料加工机械设备，其中包括破碎设备、粉磨设备、输送设备、收尘设备、选分设备等。注重阐述物料机械加工过程的基本理论和基本知识，详细介绍各类机械加工设备的构造、工作原理、工作部件、工作参数确定、选型计算、性能及应用特点、安装试车与维修管理等，书中并附有例题与思考题。

本书内容分为三部分。第一部分介绍物料加工的破粉碎理论及基本概念和基础知识，物料破碎的基本加工设备，如颚式破碎机、锤式破碎机、反击式破碎机、轮碾式破碎机、物料的粉磨过程及设备等；第二部分介绍物料的输送设备，如带式输送机、螺旋输送机、斗式提升机等；第三部分介绍颗粒流体力学的基本概念和基础知识及相关设备，如旋风收尘器、袋式收尘器、沉降室收尘器、通过式选粉机、离心式选粉机、旋风式选粉机等。

在介绍材料加工机械设备基本知识的同时，对材料加工设备的新技术、新成果及其应用方面的情况进行了介绍。注重与材料加工工艺原理课程的配合，提示材料加工机械对材料加工制备过程的作用影响及意义。本书内容对材料学科领域的材料生产过程机械化，以及材料开发与工艺设计等工作具有积极意义。

本书是适合于高等工科院校材料学专业的材料加工机械设备课程的教材，主要特点是：与高校的材料加工机械设备课程的学时相适应，内容紧凑篇幅较小。本书可为各专业方向的材料成型机械设备等后续课程提供先期的预备基础知识。

本书可作为高等院校材料学（无机非金属材料、水泥、陶瓷、耐火材料、建筑材料、工程材料、复合材料等）专业的学生用教材，也可作为材料学领域的高等职业院校、中等专科学校的相关专业的学生参考用书，也可供材料生产企业的技术人员参考使用。